図・解・で・わ・か・る

エクセルのマクロとVBAが
みるみるわかる本

道用大介 著

Excel2016/2013/2010 対応最新版

秀和システム

● **注意**
(1) 本書は著者が独自に調査した結果を出版したものです。
(2) 本書は内容について万全を期して作成いたしましたが、万一、ご不審な点や誤り、記載漏れなどお気付きの点がありましたら、出版元まで書面にてご連絡ください。
(3) 本書の内容に関して運用した結果の影響については、上記(2)項にかかわらず責任を負いかねます。あらかじめご了承ください。
(4) 本書の全部または一部について、出版元から文書による承諾を得ずに複製することは禁じられています。
(5) 商標
本書に記載されている会社名、商品名などは一般に各社の商標または登録商標です。

世の中は便利になったのに、自分の仕事は・・・

「インターネットやスマートフォンを使って、世の中はいろいろと便利になったのに、自分の仕事はいっこうに便利にならない」「この仕事を本当に手作業でやらなければいけないのか?」

本書を手にとった皆さんは少なからず、そんなことを感じて、マクロ(VBA)の勉強をしようと思ったのではないでしょうか。

その一方で、マクロの勉強を始めたいという方からよく耳にする言葉は、「難しそう」「素人でもできるの?」「何ができるの?」などの不安の言葉です。

この本の目的は、これからマクロを始めようとしている皆さんの不安を取り除くことです。マクロに興味があるけど、なかなか一歩を踏み出せない人の背中をちょっと押して、マクロの世界に引き込もうというわけです。

最初にお断りしておきますが、本書だけでは"超すごいマクロ"は作れるようになりません! ただし、なんだかわからないマクロの正体は理解できるでしょう!

エクセル(Excel)を触りながら読めば、当然、理解は深まりますが、電車の中などで流して読んでいただくだけでも、マクロってどんなもの? ということはご理解いただけるかと思います。

① エクセルを使った仕事が多いので 少し楽をしたい人

　最近は、エクセルを使った仕事が大変多くなっています。自分の仕事、または自分の会社の仕事を少しでも楽にしたい！　効率化したい！　という人にぜひ読んでいただきたいと思います。いろいろな仕事を想定した超入門書なので、マクロ＆VBAでどんなことができるかが想像できるようになると思います。

② 関数を使ってエクセルの仕事を効率化したが、 これ以上の効率化には限界を感じている人

　関数を使ってエクセルの仕事を効率化することは大変素晴らしいことです。しかし、まだまだ効率化の可能性があります。その可能性が「マクロ＆VBA」です。関数を使って改善した業務にマクロも導入すれば仕事がさらに効率化することでしょう。

③ マクロやVBAという言葉を 聞いたことはあるが、手を出せない人

　マクロやVBAを使える人に教えてもらっても、教えてくれる人はたいてい難しい言葉を連発します。きっと、それだけで「無理！」と思う人も多いでしょう。でも実際は簡単にできることも山ほどあるのです。この本では難しい表現を使わず、実際に使って覚えられるように丁寧に解説しました。

まず疑問や不安を解消しましょう

「マクロでどんなことができるの？」「マクロってどうやって作るの？」「そもそもマクロって何？」

謎の存在であるマクロの正体がわかれば、少しずつ不安はなくなります。

マクロだと作業はどれくらい短縮できるの？

プログラミングの知識がなくても、作業時間を50%は減らせます。

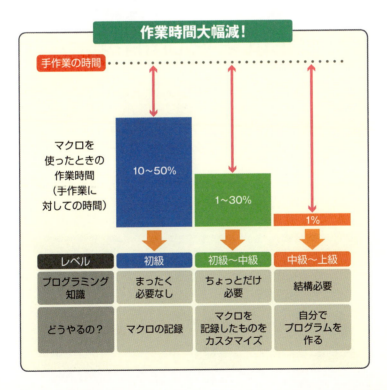

マクロとVBAの関係は？

　まずはプログラムというものを理解しましょう。プログラムとはコンピューターを自動で動かすための手順書ですが、そのプログラムを書くための言葉がプログラミング言語です。Excelでいうマクロとはこのプログラムのこと、そして、マクロを記述するために使う言葉が**VBA**(Visual Basic for Application)です。

VBAを知らないとマクロは作れないの？

　そんなことはありません。エクセルにマクロの記録という機能があることはご存知でしょうか？
　[マクロの記録]というボタンを押して、何か作業を行い、[記録終了]のボタンを押します。すると、[マクロの記録]を押してから[記録終了]を押すまでに行った作業を、エクセルがVBAを使って勝手に記述してくれます。
　その記述したプログラム（マクロ）を実行すると、作業をそのまま再現してくれます。もはや、魔法です。

エクセルのマクロとVBAを身に付けると…

左側（不幸の連鎖）:

与えられた単純な
ルーチンワークをこなす。

⬇

単純作業のため飽きる。
しかし、時間はかかる。

⬇

仕事に対する
モチベーションが上がらない。

⬇

後輩ができたら、
その仕事を押し付ける。

⬇

不幸の連鎖発生…

➡

右側（みんなHappy）:

より良いやり方がないかを
考えながら仕事に
取り組むようになる。

⬇

ルーチンワークはコンピューターにやらせるという考えが
根付き、仕事を改善する。

⬇

人間にしかできない仕事に
集中でき、
モチベーションが上がる。

⬇

仕事を引き継いだ人も
改善の恩恵を
受けることができる。

⬇

みんなHappy!

本書は、Excel（エクセル）2016/2013/2010のユーザーを対象に解説しました。

マクロを覚えて楽しくステップアップ！

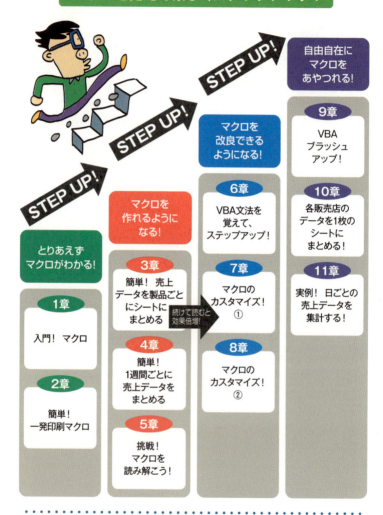

まず、第1章と第2章を読んでみましょう。マクロをとりあえず使ってみてどんなものなのか、理解できるようになります。第5章まで読めば、自分のマクロを作って使い始めることができるでしょう。作ったマクロを改良したくなったら、第6～8章を読んでみましょう。

contents

世の中は便利になったのに、自分の仕事は・・・ ……………… 3
まず疑問や不安を解消しましょう……………………………… 5

第1章　簡単！　マクロを体験してみよう！
- Q1　マクロを使う準備をしよう！……………………………… 18
- Q2　マクロを記録してみよう！………………………………… 20
- Q3　マクロを実行してみよう！………………………………… 22
- Q4　「マクロ有効ブック」で保存しよう！…………………… 24
- Q5　マクロを有効にしよう！…………………………………… 26
- コラム　保存には注意！………………………………………… 28

第2章　簡単！　マクロで一発印刷！
- Q6　印刷作業を楽にしよう！…………………………………… 32
- Q7　印刷範囲を設定しよう！…………………………………… 34
- Q8　マクロを記録しよう！……………………………………… 36
- Q9　ボタンを作って一発印刷！………………………………… 38
- コラム　マクロの実行ボタンは図形や写真でもOK！……… 40

第3章　簡単！　データをシートにまとめてみよう！
- Q10　データを抽出しよう！……………………………………… 44
- Q11　マクロで一発抽出！………………………………………… 46
- コラム　それって人間がやることですか？…………………… 52

第4章　簡単！　1週間ごとにデータをまとめてみよう！
- Q12　相対参照を使ってみよう！………………………………… 58
- Q13　相対参照＆ショートカットキー…………………………… 60
- Q14　マクロで一発集計！………………………………………… 62
- Q15　1週間の売上データの合計値を計算しよう！…………… 66
- Q16　ショートカットキーを使って実行してみよう！……… 68

コラム　絶対参照や相対参照を知っておくと便利！ ………………………… 70

第5章　挑戦！　マクロを読み解こう！
Q17　マクロを読むためのアプリとは ……………………………………… 74
Q18　記述したマクロをVBEで開いてみよう！ …………………………… 76
Q19　Rangeって？ …………………………………………………………… 78
Q20　Selectって？　ドット (.) はどんな意味？ ………………………… 80
Q21　ColumnsやRowsって？ ……………………………………………… 82
Q22　ActiveSheetって？ …………………………………………………… 84
Q23　AutoFilterって？……………………………………………………… 86
コラム　モジュールに名前を付けるとわかりやすい！ …………………… 88

第6章　挑戦！　VBAの文法でステップアップ！
Q24　VBAでの"モノ"の呼び方 ……………………………………………… 92
Q25　Activeでないワークシートの値を取得 ……………………………… 94
Q26　SheetとWorksheetの違い…………………………………………… 96
Q27　変数 ……………………………………………………………………… 98
Q28　変数の宣言……………………………………………………………… 100
コラム　データ型の不自然な範囲 ………………………………………… 103
Q29　繰り返し………………………………………………………………… 104
Q30　For文 …………………………………………………………………… 106
Q31　条件分岐………………………………………………………………… 108
Q32　比較演算子と論理演算子 …………………………………………… 110
コラム　置換機能で修正もラクラク ……………………………………… 112

第7章　挑戦！　マクロをカスタマイズしてみよう！①
Q33　データ抽出作業 ……………………………………………………… 116
Q34　マクロのカスタマイズをしてみよう！ …………………………… 118
コラム　まずは単機能を作る ……………………………………………… 120

第8章　挑戦！　マクロをカスタマイズしてみよう！②
Q35　請求書の作成………………………………………………………… 124

Q36	マクロで請求書一発作成！	126
Q37	検索と置換ウィンドウが表示されない？	130
Q38	マクロのカスタマイズ	132
Q39	請求書のひな形	134
Q40	請求書をPDFファイルにしてみよう！	136
コラム	メールを作成してファイルの添付もできる	138

第9章 準備！ 自分でマクロを書く前に！

Q41	新しくモジュールを作る	142
Q42	入力の手間を省く（オブジェクト変数）	144
Q43	入力の手間を省く（With）	146
Q44	範囲を指定する	148
コラム	もっと良い方法がある！	151
Q45	Excelの関数を使う	152
Q46	セルのクリア	154
Q47	全シートに対して処理を行う	156
Q48	既存のワークブックのデータをコピー①	158
Q49	既存のワークブックのデータをコピー②	160
コラム	Withを使うとわかりづらくなることも	162

第10章 実例！ 1枚のシートにまとめるマクロを作ろう！

Q50	データのまとめ作業	166
Q51	入力画面	168
Q52	最終行の求め方	170

第11章 実例！ 日ごとの売上データを集計する！

Q53	日ごとのデータを集計する	178
Q54	SUMIF関数で簡単集計！	180
コラム	VBAを使った事務作業改善活動	183

ダウンロードサービスのご案内	184
INDEX	185

エクセルのマクロとVBAを学ぶ目的は…

ルーチンワークの効率化

=

コンピューターと人間の役割の理解

任せることができる仕事はコンピューターに任せる

仕事のスピードアップ

人間

コンピューターは
自分の部下

コンピューター

POINT コンピューターに仕事を任せるといっても、具体的にどんなことができるのか想像できないと任せることもできません。

　本書を読む際は、マクロとVBAで具体的にどんなことができるのか、ということにも着目して読み進めてください。

第1章

簡単！
マクロを体験してみよう！

エクセルでマクロを使うためには、
少しだけ知っておかないといけないことがあります。
これだけおぼえてしまえば、もう初心者ではありませんよ。

部長：残業が多くて、大変そうだけど大丈夫？
花子：大丈夫じゃないです。早く帰りたいです！
部長：花子さんの業務はExcelを使った作業が多いよね？
　　　マクロを使ってみれば？　手作業が自動化されるよ。
花子：えっ、そんな便利な機能があるんですか？　どうやれ
　　　ば使えるんですか？
部長：それじゃ、まずは設定として、マクロを簡単に体験し
　　　てみようか！

マクロを使ってお仕事スピードアップ！

　この本を手にとった人は、常日ごろ、エクセルを使ってお仕事をしていると思います。

　マクロ機能とは、エクセルを使ったお仕事をコンピューターが覚えてくれて（マクロの記録）、自動でやってくれる（マクロの実行）という超便利な機能です。

　「毎回、同じことを頼まれて、単純作業なんだけど、面倒なんだよなぁ…」とか、「似たような作業を繰り返しているだけなんだけど、時間がかかるんだよなぁ…」などとお困りの方は、マクロを試してみるとよいでしょう。

　例えば、

- 会議のときは、その月の売上データを毎回同じフォーマットで提出しなければならない。
- 上司に提出するデータは、見やすいように1行おきに行の色を変えなければならない。
- 請求書を作るときに、データはあるのに、そのデータを見て、自分で手入力して、請求書を作っている。

などなどです。

　このような場合には、エクセルのマクロ機能を使えば「あっ」という間にお仕事完了！　です。

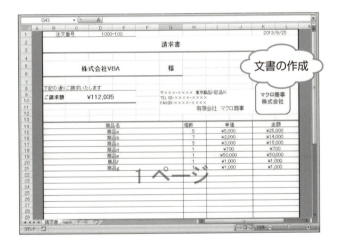

フォーマットを整える

文書の作成

いつもの同じ仕事がワンクリック！

1 簡単！マクロを体験してみよう！

マクロの記録って？

　この本の冒頭でも述べましたが、**マクロの記録**とは、エクセル上で行った作業をコンピューターが自動で記録してくれる機能です。そのときに使われる「言葉」がVBA（Visual Basic for Applications）というプログラミング言語です。

　つまり、プログラムを書けない人でも、エクセル上で作業するだけで、コンピューターが勝手にその作業をプログラムに置き換えてくれます。

　プログラムというものは、本来、それなりの知識を持ってから自分の作りたいものを一から作るのが一般的ですが、エクセルのマクロは記録ボタンを押すだけで勝手にプログラムを書いてくれるので、作るのがと〜〜〜〜っても簡単だという特徴を持っています。極端なことをいうと、プログラミングの知識をまったく持っていなくてもマクロを作ることができるのです。

　マクロを作ることによって手作業を自動化できるということは、当然デスクワークは効率化されることになります。数時間かかっていた作業を数秒で、数日かかっていた作業が数分で完了する、ということも当然のようにできるわけです。

　そして、マクロの記録だけでは対処しきれない部分は、記録したマクロにVBAでプログラムを付け足して、改良（カスタマイズ）することもできます。マクロのカスタマイズについては第6章で説明します。

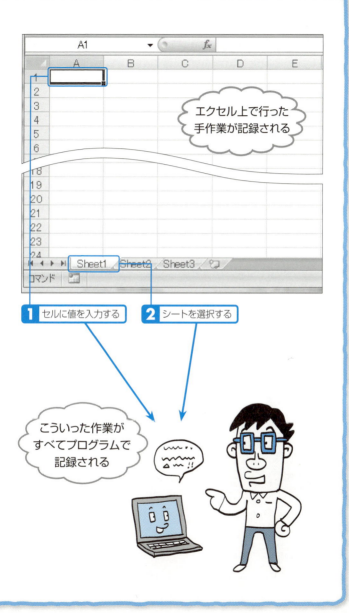

1 マクロを使う準備をしよう！

それでは、マクロを使う準備をしましょう！

エクセルには、マクロの作業がしやすいように「開発タブ」が用意されています。

開発タブは、はじめの設定では表示されていないので、次の手順で表示し、マクロを記録する環境を整えましょう！

開発タブを表示する

❶ [ファイル]タブをクリックし、[オプション]をクリックします。

❷[Excelのオプション]ダイアログの[リボンのユーザー定義]で[開発]にチェックを入れます。

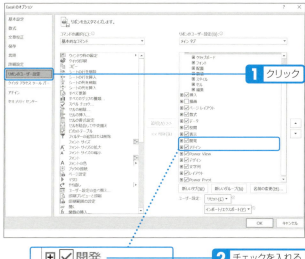

❸Excelのリボンに[開発]タブが追加されたことを確認します。

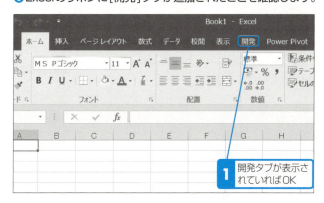

* ★☆☆ は説明内容のレベル感を3段階で示したものです。

2 マクロを記録してみよう！

それでは、さっそくマクロを記録してみましょう！
「セルに値を入力する」という作業をマクロに記録してみます。

マクロを記録する

■記録開始

❶ [開発] タブをクリックして、[開発] タブを表示させ、[マクロの記録] ボタンをクリックします。

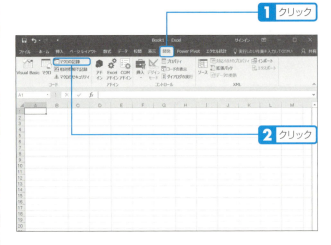

❷ 「マクロの記録」というウィンドウが表示されるので、マクロ名に「test」と入力し、[OK] ボタンをクリックします。

■記録内容

Sheet1のA1のセルに「100」と入力し、A2に「150」と入力してみましょう。

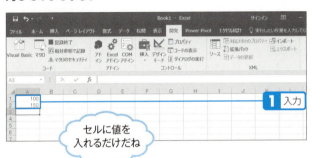

■記録終了

[記録終了] ボタンをクリックすると、マクロの記録が終了します。

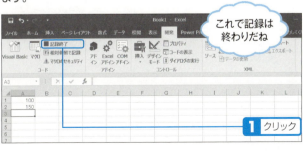

3 マクロを実行してみよう！

次は前のページで記録したマクロを実行してみます。

「セルに数（値）を入力する」という作業を記録したので、マクロを実行してみて、同じようにセルに値が入力されれば成功です。

マクロを実行する

・前準備

まず、先ほど入力したSheet1のA1、A2セルの値を消去します。

1 消去

1度、値を消してさっきの作業が再現できるか確認するんだね

■ 実行方法

❶ [開発] タブの [マクロ] ボタンをクリックします。

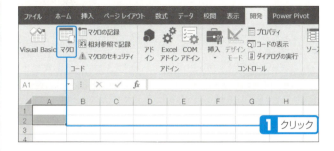

❷マクロウィンドウで「test」を選択し、[実行]ボタンをクリックします。

さっき名前を付けたマクロだ!

■ 実行結果の確認

Sheet1のA1セルに「100」、A2セルに「150」と入力されているか、確認してみましょう。

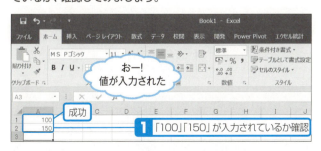

おー!
値が入力された

4 「マクロ有効ブック」で保存しよう！

　マクロは通常のExcelファイルにそのまま保存できなくなりました。

　Excel2003以前のバージョンでは、たんに保存するだけでよかったのですが、Excel2007以降では「マクロ有効ブック」形式で保存しなければならなくなりました。

　マクロが保存できる形式は下表のとおりです。

ファイルの種類	拡張子	説明
Excelマクロ有効ブック	xlsm	XMLベースのマクロを保存できるファイル形式
Excelバイナリブック	xlsb	読み込みや保存をすばやく行えるように最適化されたファイル形式
Excel97-2003ブック	xls	Excel97-2003形式のファイル形式。256列、65,536行となりExcel2007（xlsx）よりセルの数が制限されます。

POINT　仕事の取引先にExcelファイルなどをeメールに添付して送ることはよくあります。その取引先の会社がExcel2003以前のバージョンを使用している場合は、Excel97-2003ブックで保存しないと、取引先の会社の人は受け取ったファイルを開けないので、注意しましょう。

マクロを保存する

[ファイル]タブ ➡ [名前をつけて保存]をクリックし、[ファイルの種類]で[Excelマクロ有効ブック(*.xlsm)]を選択し、ファイル名を入力して[保存]ボタンをクリックします。

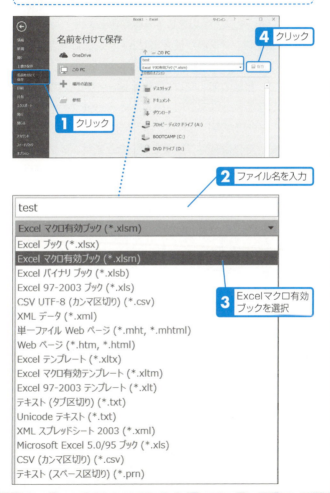

1 簡単！マクロを体験してみよう！

マクロを有効にしよう！

　マクロ有効ブックで保存したら、いったんファイルを閉じてください。閉じたファイルをもう一度開きます。

　この状態では、マクロが使えませんが、これは安全（セキュリティ）のためです。

　間違って、悪意のあるマクロ（例えば、パソコンのデータを消去してしまうようなマクロ）の入ったExcelファイルを開いても、そのマクロが実行されないようにしてあるのです。

　そのため、マクロ有効ブックを開いたときは、マクロを手動で有効にしないといけません。マクロを有効にする方法は、次のとおりです。

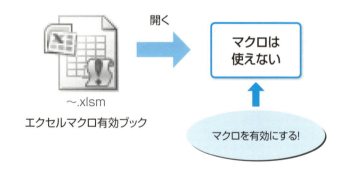

マクロを有効にする

❶マクロ有効ブックを開くと、セキュリティの警告が表示されるので、セキュリティの警告の右側にある[コンテンツの有効化]ボタンをクリックします。

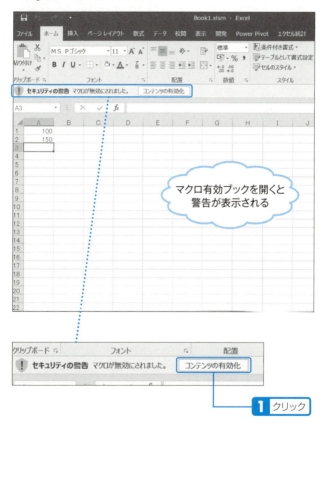

マクロ有効ブックを開くと警告が表示される

1 クリック

保存には注意！

保存する際にいつもの操作の流れで何も考えずに Enter キーを押し続けると、エクセルはマクロ有効ブックでは保存されません。そうなるとどうなるかって…？　作ったマクロが消えてしまいます(T_T) つまり、作り直しです。

❶一度も保存しない状態でファイルを閉じようとすると

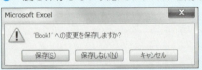

❷ここで、ファイルの種類はマクロ有効ブックを選択しましょう！

ここだね

◀保存画面

❸ ❷でマクロ有効ブックやExcel97-2003ブックが選ばれなかった場合、「マクロが消えてしまうよ！」という警告が出ます。これが最後の砦です。ここで「はい」を選んでしまうとマクロが消えてしまいます。

第2章

簡単!
マクロで一発印刷!

この章では、Chap02.xlsm（本文184ページ参照）を
ダウンロードして、Chap02.xlsmに実際にマクロを記録してみます。
完成版はChap02F.xlsm（本文184ページ参照）です。

花子：マクロの記録を理解しました！　さっそく、請求書を
　　　作成するマクロでも作ってみようと思います。
部長：おい、おい。いきなりそれは難しすぎるよ。まずは、
　　　もっと簡単なものから作ってみようよ。
花子：うーん、それじゃ、平井さんから送られてくる集計表を
　　　会議用に印刷するときに、毎回印刷範囲の設定をす
　　　るのが面倒なので、それをマクロにしてみます！
部長：そうだね。それくらいから始めた方が心が折れなくて
　　　いいと思うよ。

マクロを手軽に実行するには

　第1章ではマクロの記録と実行を体験しました。エクセル上で作業したことを記録して、再現できるということは理解できたと思います。

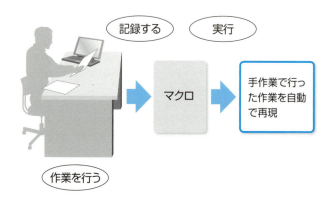

　しかし、開発タブのマクロアイコンから実行するのでは、あまり格好良くありません。やはり、手軽に実行するには、何かボタンがあって、そのボタンを押すだけでマクロが実行された方が格好良いですし、手軽です。

また、ふだんはそれほど苦に思っていない、印刷やシートの表示切り替えなどのちょっとした作業も、ボタンを押すだけでできるようになれば、かなり重宝します。

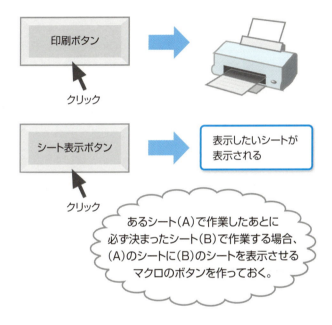

　さらに、想像してみてください。自分が行っている仕事を他の人に引き継ぐときに、その作業をマクロに記録しておいて、「このボタンを押したら、おしまいです」なんて言われたら、仕事を引き継ぐ側は感激です。仕事を説明するのにも「開発タブを表示して、マクロアイコンを…」なんて説明をしなくてもいいわけです。エクセルやマクロに詳しくない人は開発タブの意味もわからないでしょうし、ボタンを作っておくというのは非常に親切でしょう。

6 印刷作業を楽にしよう！

マクロの手始めに、次のような仕事を考えてみましょう。

花子さんは、ダウンロードファイルのChap02.xlsm（本文184ページ参照）のSheet1の表を使って、各店舗の日々のお弁当の注文数を集計して、印刷しています。

花子さんは少しでもこの作業を楽にしたいと考えています。そこで、印刷作業に着目し、マクロを使って印刷作業を少し楽にしてみましょう。

印刷範囲の設定

印刷マクロ記憶

ボタンの作成

その後はボタンを押すだけで
印刷ができるようになる！

作業の内容

▼ Chap02.xlsm

	A	B	C	D	E	F	G	H
1	2014/9/1	店舗毎注文数						
2		船橋店	大宮店	渋谷店	池袋店	新宿店	横浜店	川崎店
3	唐揚げ弁当	25	25	25	40	40	35	35
4	のり弁当	25	25	25	25	25	25	
5	チキン南蛮弁当	15	15	15	15	15	15	
6	幕の内弁当	15	15	15	15	15		
7	日替り弁当	25	25	25	40	25		
8	ヘルシー弁当	25	25	25	15	25		
9	しゃけ弁当	25	25	25	25	25		
10	チキンカツ弁当	0	0	0	0	0		
11	海老フライ弁当	5	5	5	5	5		
12	カキフライ弁当	5	5	5	5	15	5	
13	ハンバーグ弁当	15	15	15	25	25	25	
14	豚生姜焼き弁当	20	20	15	15	10	10	10
15	とんかつ弁当	5	5	5	5	5	5	5
16	スタミナ弁当	5	5	5	5	5	5	5
17	弁当合計	210	210	205	235	235	240	235
18	牛丼	10	10	20	10	0	5	5
19	かつ丼	10	10	20	10	10	5	5
20	天丼	10	10	0	10	10	5	5
21	ソースかつ丼	10	10	0	10	10	5	5

この表を更新して毎日印刷している

ボタン1つで印刷できないかなぁ

印刷のたびに、

　　　　　[Office] ボタン ➡ [印刷]
　　　　➡ [印刷] ➡ [OK] ボタン

もしくは、

　　　　　[Office] ボタン ➡ [印刷]
　　　　➡ [クイック印刷]

という作業をしていることでしょう。

この作業を「印刷ボタン」(このボタンは自分で作ります) を押すだけで終了できるようにしましょう。

Explanation 用語の解説

* **印刷範囲設定**…印刷範囲を設定することで、指定した範囲だけを印刷することができます。印刷範囲の設定はブックを閉じても保持されるので、次に開いたときも印刷範囲は設定されたままになっています。毎回同じ範囲を印刷する場合によく使われる機能です。

7 印刷範囲を設定しよう！

★★☆

　まずは、マクロの記録を行う前に、印刷範囲の設定を行いましょう。印刷範囲の設定をすると、設定した範囲だけが印刷されます。

印刷範囲を設定する

❶ A1セルをクリックします。
❷ そのまま、H30セルまでドラックして、A1：H30の範囲を選択します。

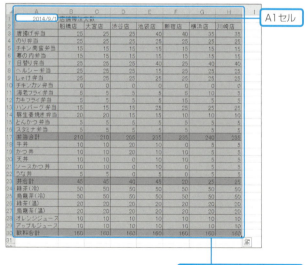

A1セル

1 A1～H30の範囲を選択

❸ [ページレイアウト] タブをクリックし、[印刷範囲] ボタンをクリックし、[印刷範囲の設定] をクリックします。

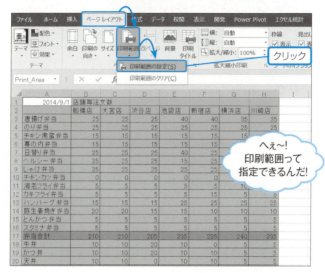

これで、印刷のときに「A1：H30」の範囲だけが印刷されるようになります。

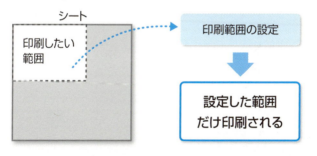

- -

POINT 印刷範囲を間違って設定した場合

[ページレイアウト]タブで[印刷範囲]➡[印刷範囲のクリア]で印刷範囲をクリアしてから、もう一度、印刷範囲の設定を行ってください。

8 マクロを記録しよう！

それでは、実際に印刷作業を記録してみましょう。マクロの記録➡印刷する作業を行う➡記録終了という手順で記録します。

印刷作業を記録する

❶ [開発] タブをクリック、[マクロの記録] ボタンをクリックし、マクロの記録を開始します。

❷ [マクロ名] に「印刷マクロ」と入力し、[OK] ボタンをクリックします。

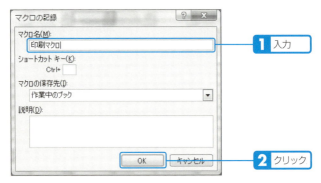

❸ [ファイル]タブをクリックし、[印刷]➡[印刷]ボタンで印刷します。

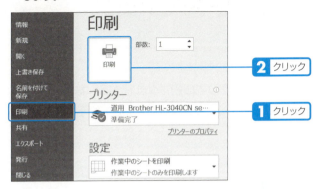

❹ [記録終了]ボタンをクリックして、マクロの記録を終了します。

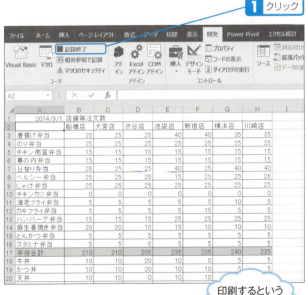

印刷するという
作業を記録
したんだね!

9 ボタンを作って一発印刷!

★★☆

次に、ボタンを作って印刷マクロを登録します。こうすることでボタンを押すだけで登録したマクロが実行されます。

実行ボタンを作る

❶ [開発] タブの [挿入] ボタンをクリックし、[フォームコントロール] の [ボタン] を選択します。

1 クリック
2 クリック

❷ ボタンを配置したい場所にカーソルを移動させ、クリックします。

1 ボタンを配置したい場所をクリック

❸マクロの登録画面が表示されるので、[印刷マクロ] を選択し、[OK] ボタンをクリックします。

1 印刷マクロを選択

ボタンを押したら実行されるマクロを指定するんだね!

2 クリック

❹作ったボタンにカーソルを合わせ、右クリックし、[テキストの編集] をクリックします。

1 ボタンを右クリック

おっー! ボタンができた

2 クリック

❺ボタンの文字を「印刷」に変更します。
❻セル (どのセルでもOK) をクリックすると、ボタンのテキスト編集モードが終了します。
❼「印刷」ボタンを押して、A1：H30の範囲だけが印刷されたら、成功です。

Column マクロの実行ボタンは図形や写真もOK!

この章では、マクロの実行ボタンの作成を学びましたが、図形や写真をマクロの実行ボタンに使うこともできます。

例えば、下のような図形をマクロボタンとして使うことができるのです。

こんな絵もマクロの実行ボタンとして使える

使い方は、図形を右クリックして[マクロの登録]を選択するだけです。そこで、どのマクロを実行したいのかを選び、[OK]ボタンを押します。

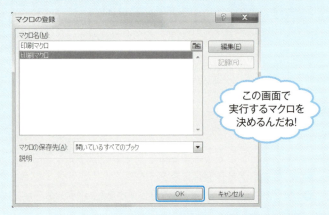

この画面で実行するマクロを決めるんだね!

マクロを作って、自分なりのデコレーションを楽しむのもいいかもしれませんね。

第3章

簡単！ データを
シートにまとめてみよう！

この章では、Chap03.xlsm（本文184ページ参照）を
ダウンロードして、Chap03.xlsmにデータを抽出するマクロを
作成します。完成版はChap03F.xlsm（本文184ページ参照）です。

花子：マクロの作成も慣れてきたので、今度は全商品の
　　　データを商品ごとにシートに分けるということをやっ
　　　てみようと思います。
部長：なるほどね、でも全商品をいきなりマクロの記録だけ
　　　でやるのはちょっと大変だから、まずは1商品だけ
　　　シートに抽出するマクロを作ってみれば？
花子：なるほど、Excelのフィルタ機能を使えばすぐできそ
　　　うですね！

データを抽出する

　エクセルを使って行う作業の中には、データを抽出するという作業も多いのではないかと思います。

　例えば、データベースから取り出されたデータが貼り付けられたExcelファイルから、売れ筋商品などのあるデータだけを抽出して計算するような作業です。

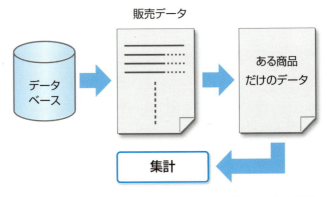

　こうしたデータの抽出作業で活躍するのが、**フィルタ機能（オートフィルタ）**です。

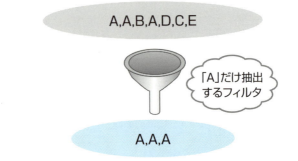

フィルタ機能を使うと、ある範囲のデータで条件に一致するものだけが表示されます。

フィルタ機能で絞りこんだデータをコピーして他のシートに貼り付けることで、大量のデータの中から自分に必要な条件に合致するデータだけを抽出することができます。

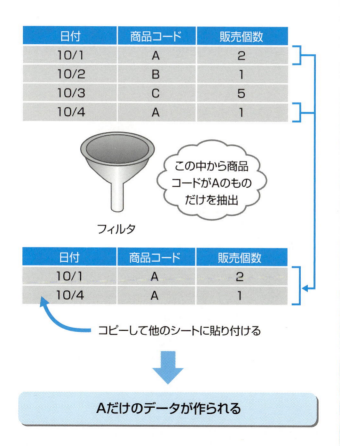

データを抽出しよう！

　エクセルのフィルタ機能を使うと、指定した値のデータだけを抽出してくれます。
　例えば、Chap03.xlsm（ダウンロードファイル）の売上データの中から、「TR-A」という商品コードのデータだけを抽出したり、2009年の9月15日のデータだけを抽出したりすることができます。

　抽出の方法は次の2通りあります。

①[データ] タブの [フィルタ] ボタンをクリックして抽出したいデータを指定する。
②抽出したいデータが記入してあるセルを選択して、右クリック➡[フィルタ]➡[選択したセルの値] でフィルタを選択する。

　花子さんは、このフィルタ機能を使って、「TR-A」という商品コードのデータだけを抽出し、抽出したデータをコピーして、「TR-A」というシートに貼り付けるという作業を行っています。
　この作業をすばやくできるように、マクロを使って簡単にしてみましょう。

指定したデータを抽出する

▼ Chap03.xlsm

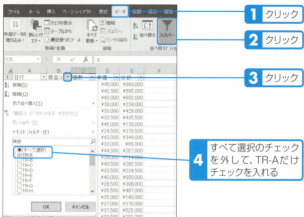

1 クリック
2 クリック
3 クリック
4 すべて選択のチェックを外して、TR-Aだけチェックを入れる

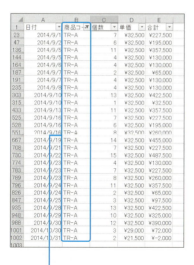

1 チェックしたコードのある行だけ抽出される

フィルタで
データを抽出
できるんだね

3 簡単！ データをシートにまとめてみよう！

11 マクロで一発抽出！

それでは、これから説明する手順に従ってマクロを記録してください。

フィルタ機能を使って商品コードが「TR-A」のデータを抽出、コピー、貼り付けする作業を記録します。

データを抽出して貼り付ける

❶ Chap03.xlsmの「TR-A」シートを表示させます。
❷ [開発]タブをクリックし、[マクロの記録]ボタンをクリックし、マクロ名に「データ抽出」と入力して[OK]ボタンをクリックし、マクロの記録を開始します。

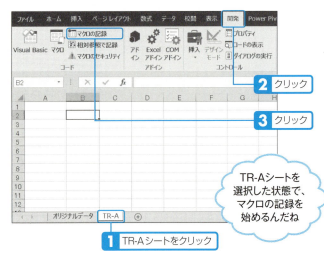

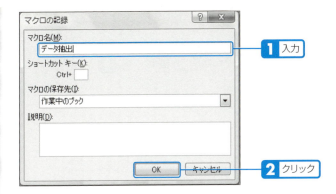

❸「オリジナルデータ」シートのA1セルを選択したあと、[データ] タブをクリックし、[フィルタ] ボタンをクリックします。

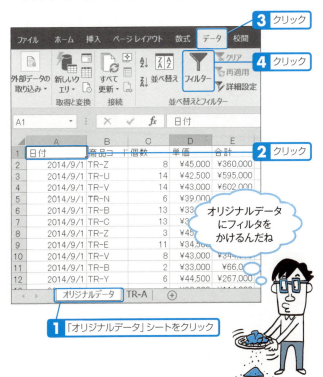

❹「オリジナルデータ」シートのB1セルの▼をクリックし、すべてのチェックを外し、TR-Aだけにチェックを入れます。

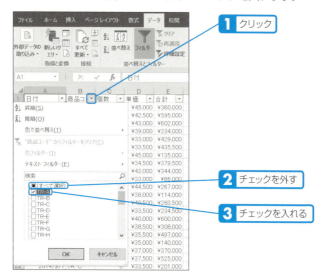

❺「オリジナルデータ」シートのA～E列全体を選択し、右クリック➡[コピー]をクリックします。

❻「TR-A」シートを表示させ、A1セルを選択し、右クリック➡
[貼り付け] でデータを貼り付けます。

❼「オリジナルデータ」シートを表示させ、[データ] タブをクリックし、[フィルタ] ボタンをクリックしてフィルタ機能を終了します。

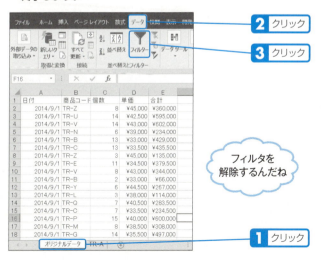

フィルタを
解除するんだね

❽ [開発] タブをクリックし、[記録終了] ボタンをクリックして、マクロの記録を終了します。

❾「オリジナルデータ」シートを表示させ、[開発] タブの [挿入] ボタンをクリックし、フォームコントロールのボタンを選択し、シート上にボタンを配置します。

❿ マクロの登録ウィンドウで [データ抽出] を選択し、[OK] ボタンをクリックします。

ボタンを押すと記録したマクロを実行するようにするんだね!

1 選択
2 クリック

⓫ボタンを右クリックし、[テキストの編集]を選択し、ボタンのテキストを「データ抽出」とします。

1 「データ抽出」と入力

このマクロの改良方法は7章にて解説しています。

HINT ①「オリジナルデータ」シートにデータ(例:10月のデータ)を貼り付けます。②データの個数が変わっても「データ抽出」ボタンを押せば、「TR-A」にTR-Aという商品コードのデータだけが抽出されます。

Column　それって人間がやることですか？

　パソコンを使うことで、計算は速くなり、データの管理が簡単になり、資料もきれいに作れるようになりました。

　しかし、さらに一歩進んで、コンピューターができることはコンピューターに任せて、人間にしかできない仕事の時間を増やしていくべきではないでしょうか。それが、人を活かすこと（活人化）につながります。

　筆者は決して"コンピューター大好き人間"ではありません。大学時代のプログラミングの成績はすべて最低ランクだったと思います。たんにプログラムを作りたいからプログラムの勉強をしたわけではなく、他のことをする時間を増やしたいからプログラムの勉強をしました（ただ、早く帰りたかっただけですが…）。

　マクロを使いこなせれば、手順どおりに動いてくれる部下を持ったのと同じです。"コンピューターという部下"をうまく使って、自分にしかできない仕事をする時間を増やしていってください。

第4章

簡単！ 1週間ごとに データをまとめてみよう！

この章では、Chap04.xlsm（本文184ページ参照）を
ダウンロードして、Chap04.xlsmに相対参照を使ったマクロを
作成します。完成版はChap04F.xlsm（本文184ページ参照）です。

部長：抽出マクロできた？
花子：はい、できました。今度は全商品の抽出にトライします！
部長：その前に、各店舗の売上データが見づらいから土日に
　　　色をつけて、週の売上合計も記入しておいて。
花子：えっー！　その資料作るの地味に面倒くさいんですけど…
部長：君にはマクロがあるだろう！
花子：うーん、でもなんかやり方がイメージできないな・・・
部長：いろんなやり方があるけど、「相対参照で記録」して
　　　「ショートカットキー」を使ってみれば？
花子：相対参照？　ショートカットキー？

絶対参照と相対参照

　マクロの記録には絶対参照と相対参照という2つの記録形式があります。第3章までで記録したマクロは絶対参照です。

　ふつうに記録すれば、絶対参照で記録されます。それでは、絶対参照と相対参照は何が違うのでしょうか？

　絶対参照とは、「A1セル」、「B3セル」などのように、セルそのものの名前を記録する記録方法です。

●販売データ

A1			
	B3		

　それに対して、**相対参照**とは、選択しているセルから対象のセルがどのような位置関係にあるか、という相対的な位置を記録する記録方法です。A1セルが選択されている状態で記録を始めると、A1セルを基準セルとして、B3セルは「基準セルより2行下、1列右のセル」と記録するのです。

●相対参照

1 基準セルの2行下、1列右のセル

通常、マクロは絶対参照で記述されます。ほとんどの場合は絶対参照でまったく問題ないでしょう。

それでは、相対参照でのマクロの記録は、どのような場合に使用するのでしょうか？

その答えは、データが「ある塊」で「いろんな場所に存在している」場合です。このような場合は、相対参照で記録した方が便利なことが多いでしょう。

のセルは基準セルの2行下

例えば、1週間の日付データは月曜日の2行下に必ず水曜日のデータがあります。これはデータが「ある塊」で存在しているためです。

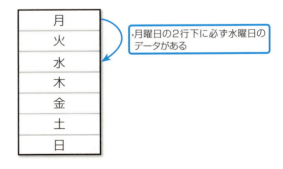

ショートカットキーとは?

ショートカットキーを設定すると、マクロを実行するときに、マクロボタンをクリックしなくても、キーボード操作だけでマクロの実行ができます。

例えば、Windowsでは Ctrl キーを押しながら C キーを押すと、選択している部分のコピーができます。

これと同じように、Ctrl キーを押しながら何かキーを押すと、マクロを実行できるように設定できるのです。これがショートカットキー機能です。

● Ctrl キーを押しながら C キーを押すとコピー

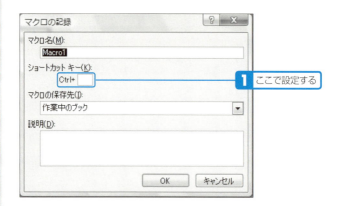

1 ここで設定する

相対参照で記録したマクロは基準セルにカーソルを動かしてから実行することになります。

　そのような場合には、実行ボタンを作るより、ショートカットキーを設定した方が、右手で基準セルをクリック、左手でショートカットキーというように、両手を使えるので便利です。

右手でマウス

左手でショートカットキー

両手を有効活用！

相対参照を使ってみよう！

この章では、次のような仕事を考えてみましょう。

「Chap04.xlsm」（ダウンロードファイル）の「Sheet1」のデータのように、1日の売上データが何日ぶんも連続で並んでいるとします。

花子さんはこのデータを1週間ごとに1行あけて、土曜日の「土」という文字は青色、日曜日の「日」という文字は赤色にして、1週間の売上の合計を日曜日の売上データの右隣のセルに記入する、という作業を行っています。

マクロを使ってこの処理を簡単にするためには、相対参照という記録形式を使うと便利です。

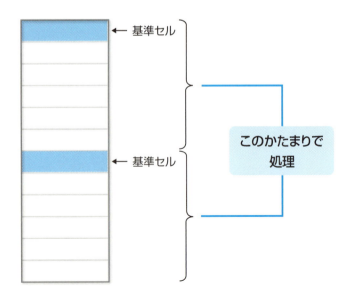

作業の内容

▼ Chap04.xlsm

	A	B	C	D	E	F
1	日付	曜日	売上			
2	2014/9/1	月	¥61,216			
3	2014/9/2	火	¥51,405			
4	2014/9/3	水	¥54,033			
5	2014/9/4	木	¥37,505			
6	2014/9/5	金	¥38,211			
7	2014/9/6	土	¥65,160			
8	2014/9/7	日	¥21,799			
9	2014/9/8	月	¥64,362			
10	2014/9/9	火	¥67,426			
11	2014/9/10	水	¥61,415			
12	2014/9/11	木	¥23,585			
13	2014/9/12	金	¥44,600			
14	2014/9/13	土	¥70,170			
15	2014/9/14	日	¥66,058			

1日の売上データが何日ぶんも並んでいる

1週間ごとにまとめるんだね!

	A	B	C	D	E
1	日付	曜日	売上		
2	2014/9/1	月	¥61,216		
3	2014/9/2	火	¥51,405		
4	2014/9/3	水	¥54,033		
5	2014/9/4	木	¥37,505		
6	2014/9/5	金	¥38,211		
7	2014/9/6	土	¥65,160	合計	
8	2014/9/7	日	¥21,799	¥329,329	
9					
10	2014/9/8	月	¥64,362		
11	2014/9/9	火	¥67,426		
12	2014/9/10	水	¥61,415		
13	2014/9/11	木	¥23,585		
14	2014/9/12	金	¥44,600		
15	2014/9/13	土	¥70,170	合計	

色を変える

合計を計算

1行あける

4 簡単! 1週間ごとにデータをまとめてみよう!

13 相対参照&ショートカットキー

それでは、これから説明する手順に従ってマクロを記録してください。

まずはマクロの記録➡ショートカットキーの設定です。

マクロを記録する

❶ [開発] タブをクリックし、[相対参照で記録] ボタンをクリックします。
❷ 「A2」セルを選択します。ここは重要なポイントです！ このあと③でマクロの記録を始めますが、**マクロの記録開始時点のセルが基準セル**となるからです。

❸ [マクロの記録] ボタンをクリックし、マクロの記録を開始します。

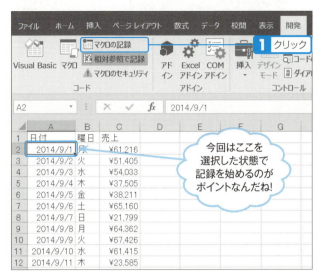

今回はここを選択した状態で記録を始めるのがポイントなんだね!

❹ マクロの名前を「週単位集計」とします。

❺ ショートカットに「W」と入力し、[OK] ボタンをクリックします。

今回はマクロ名だけじゃなくショートカットキーも入力するんだね!

「C」や「X」、「V」などはすでに役割が決まっているから選べないよ!

14 マクロで一発集計！

前のページの作業に続いて、1週間の売上データの下に行を挿入して、1週間の売上データをまとめる作業を記録していきます。

1週間の売上をまとめる

❶9行目（基準セルより7行下の行）全体を選択します。

	A	B	C	D	E	F	G
1	日付	曜日	売上				
2	2014/9/1	月	¥61,216				
3	2014/9/2	火	¥51,405				
4	2014/9/3	水	¥54,033				
5	2014/9/4	木	¥37,505				
6	2014/9/5	金	¥38,211				
7	2014/9/6	土	¥65,160				
8	2014/9/7	日	¥21,799				
9	2014/9/8	月	¥64,362				
10	2014/9/9	火	¥67,426				
11	2014/9/10	水	¥61,415				
12	2014/9/11	木	¥23,585				
13	2014/9/12	金	¥44,600				
14	2014/9/13	土	¥70,170				
15	2014/9/14	日	¥66,058				
16	2014/9/15	月	¥42,291				
17	2014/9/16	火	¥75,832				
18	2014/9/17	水	¥70,673				
19	2014/9/18	木	¥24,205				
20	2014/9/19	金	¥75,125				
21	2014/9/20	土	¥41,749				

1 9と書いてある部分をクリックすると、行全体が選択される

❷右クリックし、行を挿入します。

❸「A2」セルから「C8」セルの範囲 (基準セルから基準セルより6行下、2列右のセルまでの範囲) を選択します。

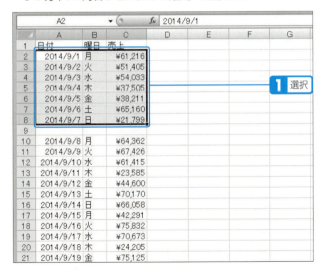

❹データを選択した状態で右クリックし、[罫線] ボタン右側の▼をクリックし、格子を選択します。

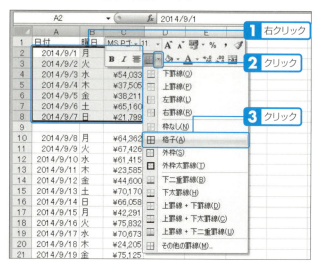

❺「B7」セル (基準セルより5行下、1列右のセル) を選択し、右クリックし [フォントの色] ボタンの右側の▼をクリックし、青色を選択します。

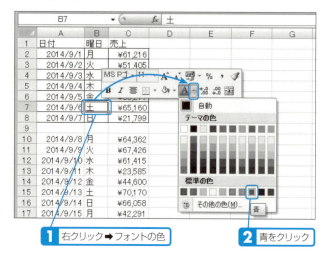

❻「B8」セル（基準セルより6行下、1列右のセル）を選択し、右クリックし［フォントの色］ボタンの右側の▼をクリックし、赤色を選択します。

> 週ごとの
> まとまりを作るんだね

POINT　ショートカットキー（Ctrl＋Shift＋設定キー）

　本文中では「Ctrl＋設定キー」というショートカットキーの設定方法を説明しましたが、「Ctrl＋Shift＋設定キー」というショートカットキーの設定も可能です。設定方法はマクロの記録ウィンドウでショートカットキーの入力をする際に（本文中ではWを設定）Shiftキーを押しながら設定キーを入力するとShiftも入ったショートカットキーを設定できます。

15 1週間の売上データの合計値を計算しよう！

前のページに続いて、エクセルの関数を使って1週間のデータの合計値を集計する作業を記録していきます。

合計値を集計する

① 「D8（基準セルより6行下、3列右のセル）」セルを選択します。
② [数式] タブをクリックし、[オートSUM] ボタンをクリックします。

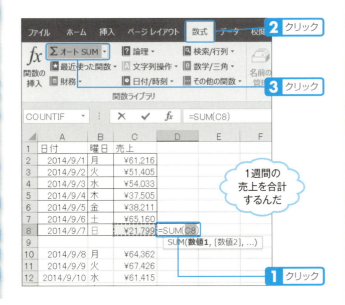

66

❸「C2」セルから「C8」セルまでの範囲（基準セルの2列右の0～6行下のセルまでの範囲）をドラッグし、Enterキーを押します。

	A	B	C	D	E	F
1	日付	曜日	売上			
2	2014/9/1	月	¥61,216			
3	2014/9/2	火	¥51,405			
4	2014/9/3	水	¥54,033			
5	2014/9/4	木	¥37,505			
6	2014/9/5	金	¥38,211			
7	2014/9/6	土	¥65,160		1 ドラッグ	
8	2014/9/7	日	¥21,799	=SUM(C2:C8)		
9				SUM(**数値1**, [数値2], ...)		
10	2014/9/8	月	¥64,362			
11	2014/9/9	火	¥67,426			
12	2014/9/10	水	¥61,415			
13	2014/9/11	木	¥23,585			

❹「D7」セル（基準列の5行下3列右のセル）に「合計」と入力します。

❺ [開発] タブの「記録終了」をクリックし、マクロの記録を終了し、[相対参照で記録] をクリックし、相対参照モードを終了します。

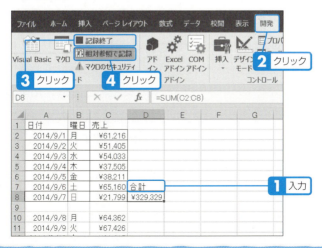

16 ショートカットキーを使って実行してみよう！

それでは、記録したマクロをショートカットキーで実行してみましょう。

● マクロ実行の流れ

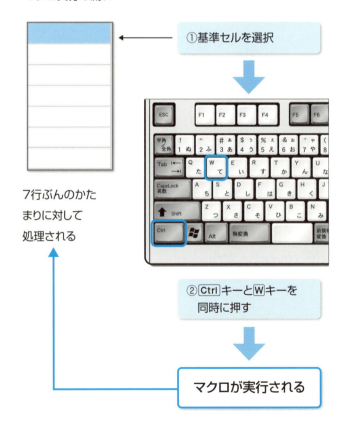

①基準セルを選択

7行ぶんのかたまりに対して処理される

②Ctrlキーと Wキーを同時に押す

マクロが実行される

ショートカットキーで実行する

❶月曜日の行のA列のセル（例えばA10セル）を選択して、[Ctrl]キーを押しながら[W]キーを押してみましょう。

❷1週間ぶんのデータがマクロで記録したとおりのフォーマットに編集されます。

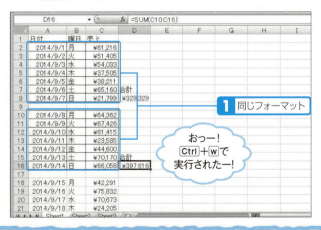

絶対参照や相対参照を知っておくと便利！

この章では相対参照と絶対参照を使いましたが、Excelの関数を使用する際も絶対参照と相対参照を知っておくとたいへん便利です。マクロの記録は基本的に絶対参照なので、相対参照で記録するには[相対参照で記録]ボタンを押さないといけませんが、Excelの関数は基本的に相対参照で数式が記述されるので、絶対参照にしたい場合は数式内の参照範囲に$マークを付けて、絶対参照に変更する必要があります。

$マークをいちいち入力するのが面倒な場合は、数式バーの中で絶対参照をしたい範囲（例ではD2）だけを選択してF4キーを押せば、$マークが付いて$D$2となります。その状態でオートフィルすれば、D2部分だけが絶対参照となった数式を作ることができます。

F4キーで絶対参照ができるんだね

第5章

挑戦！
マクロを読み解こう！

この章では、Chap05.xlsm（本文184ページ参照）を
ダウンロードして、Chap05.xlsmに記述されている
マクロを読み解きます。

花子：さて、そろそろ全商品の抽出マクロでも作ろうかなっ！
部長：そのためには、いままでのマクロの記録だけでは大変だから、ちょっとお勉強してみよう。
花子：わかりました。何をすればいいですか？
部長：まずは、3章で作った抽出マクロを読み解いてみよう！
花子：読み解く？
部長：実はマクロの記録をすると、Excelが自動でプログラムを書いてくれていたんだ。それを読み解いてみよう。
花子：えっ。なんか難しそう…。
部長：やってみたら、どうってことないから、大丈夫！

マクロを記述する言葉 "VBA"

マクロはVBAという言葉で記述されています。**VBA**とは、「Visual Basic for Applications」の略です。

「Visual Basic」というプログラミング言語がありますが、VBAとはWord、Excel、PowerPoint、Access用のVisual Basicです。

マクロの記録はVBAで記述されますが、自分でVBAを使ってプログラムを最初から作ることも可能です。

慣れてくると、プログラムを最初から作った方が楽だという人も多いです。その理由は、長い作業では、マクロの記録をすると、余計なプログラムもたくさん記述されてしまい、プログラムが「何を意味するかわからないけれど、とりあえず動く」呪文のようになってしまうからです。

最初のうちは、以下の用途でマクロの記録を使うとよいでしょう。

- マクロを記録して、VBAで少しカスタマイズする。
- VBAでどう書けばわからない処理は、マクロを記録してみて調べる。

慣れてくれば、プログラムを最初から自分で作れるようになるでしょう。

VBAとは

ワード

エクセル

パワーポイント

アクセス

これらのアプリケーション用の
プログラミング言語

VBA
=
Visual Basic for Applications

5 挑戦！ マクロを読み解こう！

17 マクロを読むための アプリとは

　VBAを編集するための機能（エディター）のことを、**VBE**（Visual Basic Editor）といいます。

　VBEの開き方は、開発タブの［Visual Basic］ボタンをクリックします。

　VBEの左上のウィンドウを**プロジェクトエクスプローラ**、左下のウィンドウを**プロパティウィンドウ**、右上のウィンドウを**コードウィンドウ**、右下のウィンドウを**ウォッチウィンドウ**と呼びます。

　ウォッチウィンドウは表示されていない場合もありますが、本書で取り扱う範囲では、ウォッチウィンドウは必要ないので気にしないでください。

　マクロは**モジュール**に記述されています。モジュールはプログラムを記述する紙のようなものだと思ってください。モジュールは1つではなく、いくつも作ることができます。

　また、マクロの記録をすると、モジュールの中にマクロ名が付いたSubプロシージャというものが作られ、その中にプログラムが記述されます。

　マクロの記録をせずに自分でプログラムを作る場合も、プログラムは必ず「Sub　マクロ名（）〜　End Sub」の間に記述します。

VBE 各部の名前

- プロジェクトエクスプローラ
- コードウィンドウ（ここにモジュールの中身が表示される）
- プロパティウィンドウ
- ウォッチウィンドウ

ほう！これがマクロの記録で作られたプログラムだね！

挑戦！マクロを読み解こう！

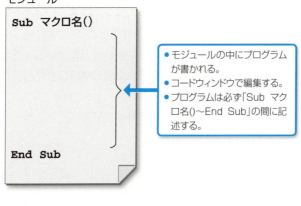

モジュール

Sub マクロ名()

End Sub

- モジュールの中にプログラムが書かれる。
- コードウィンドウで編集する。
- プログラムは必ず「Sub マクロ名()〜End Sub」の間に記述する。

18 記述したマクロをVBEで開いてみよう！

　この章では、第3章で記録したデータ抽出のマクロの中を読み解くことにします。

　記述したマクロをVBEで開いてみましょう。

❶ **エクセルを開く**

　第3章で記録したエクセルファイル（マクロ有効ブック）を開くか、本書のサポートページから「Chap05.xlsm」というファイルをダウンロードして開いてください。

❷ **VBEを開く**

　［開発］タブの［Visual Basic］ボタンをクリックすると、VBEが開きます。

❸ **Module1を開く**

　プロジェクトエクスプローラのModule1をダブルクリックし、「Module1」を開きます。そうすると、データ抽出というマクロが表示されます。なお、VBEを開いた段階でプログラムが表示されている場合は、このステップは必要ありません。

　これで、マクロを読み解く前準備は完了です。

VBE でマクロを開く

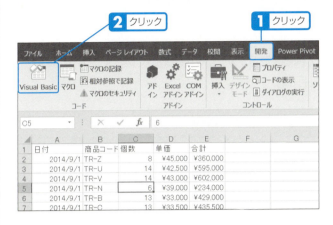

モジュールという
かたちでマクロが
記録されているんだ！

5 挑戦！ マクロを読み解こう！

19 Rangeって？

★☆☆

それでは早速、マクロを読み解いていきましょう。
2行目に

```
Range("A1").Select
```

という記述があります。

この記述の中の「Range（レンジ）」というのは文字どおり範囲のことです。

Range("A1") というのはA1セルのことを意味します。この場合は1つのセルだけを表しますが、

```
Range("A1:D5")
```

という表現は、「A1セルが左上、D5セルが右下」の範囲を意味します。

セルの表現の方法は第6章でも述べますが、Cells(1,1) というような表現方法もあります。

Range とは

挑戦！マクロを読み解こう！

20 Selectって？ ドット(.)はどんな意味？

　次は、Selectについて説明します。データ抽出マクロの1行目に、次のような記述があります。

```
Sheets("オリジナルデータ").Select
```

　Select(セレクト)とは文字どおり、「選択する」という意味です。ドット(.)は日本語でいう「の」か「を」です。上記の記述では「オリジナルデータ」というシートを選択した、という作業が記録されています。2行目の

```
Range("A1").Select
```

という記述は、A1セルを選択するという意味です。
　シートや範囲などのオブジェクトをSelectすると、そのオブジェクトが選択されます。
　また、3行目には次のような記述があります。

```
Selection.AutoFilter
```

　Selectionとは、Selectしているオブジェクトです。つまり、この場合は2行目でA1セルをSelectしているので、SelectionとはA1セルのことです。Selection.AutoFilterは、A1セルを選択してフィルタ機能をONにした(フィルタボタンをクリックした)作業のことを指します。

Select とは

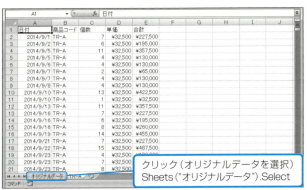

21 ColumnsやRowsって？

データ抽出マクロの5行目に

```
Columns ("A:E").Select
```

という記述があります。**Column**（コラム／カラム）とは**列**のことです。なお、後ろに「s」が付いた場合は、複数の列です。上記の記述は、A列からE列を選択したという作業のことを表します。

列がColumnというのに対して、**行**は**Row**（ロウ）といいます。

2行目から6行目を選択した場合は、

```
Rows ("2:6").Select
```

と記述されます。

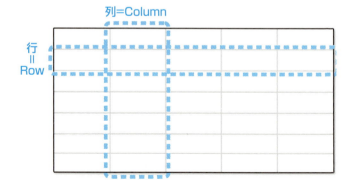

82

Columnとは

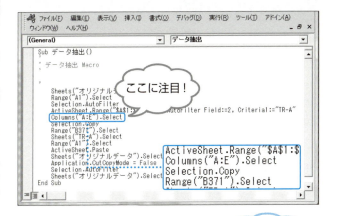

なるほど
A〜E列を選択したってことね!

A〜E列全体

Columns("A:E")

POINT 行はRow、列はColumnといいます。

22 ActiveSheetって？

データ抽出マクロの4行目に次のような記述があります。

```
ActiveSheet.Range("$A$1:$E$1000").
AutoFilter Field:=2, Criteria1:="TR-A"
```

ActiveSheet（アクティブシート）というのは現在、Activeになっている（表示されている）シートのことを示します。

プログラムの中にはRangeやColumnsという記述がありますが、これらはすべてActiveSheetの範囲、列のことを示します。

マクロの記録では、セルの値を取得する場合、わざわざそのシートをActiveにしています。しかし、VBAで記述すればシートをActiveにしなくても、セルの値を取得することができます。

ActiveSheet以外のセルの値を取得する方法は、第6章で説明します。

84

ActiveSheet とは

ここに注目！

Activesheetは表示されているシートね！

オリジナルデータシートが表示されている（Activeになっている）

TR-Aシートは表示されていない（Activeでない）

挑戦！ マクロを読み解こう！

23 AutoFilterって？

データ抽出マクロの4行目の

```
ActiveSheet.Range ("$A$1:$E$1000").
AutoFilter Field:=2, Criteria1:="TR-A"
```

という記述のAutoFilter（オートフィルタ）は、3行目にあった記述と同様にフィルタ機能のことであろうと、予想はつくと思います。ここでは、

```
Field:=2, Criteria1:="TR-A"
```

が何を意味するかが問題です。

- Field とは

Field（フィールド）とはフィルタの対象となるフィールド番号のことです。つまり、フィルタ機能を使って抽出するデータの範囲の、左から何列目のデータで抽出するのかを表します。

今回の場合は、左から2列目の商品コードという列で抽出を行うので、Fieldの値は2です。

- Criteria1 とは

Criteria1（クライテリア）とは抽出条件のことです。今回の場合はTR-Aという文字列を抽出するので、Criteria1は"TR-A"となっています。

AutoFilter とは

オートフィルタで何列目で何を抽出するかを設定しているんだね!

```
Sub データ抽出()
'
' データ抽出 Macro
'

    Sheets("オリジナルデータ").Select
    Range("A1").Select
    Selection.AutoFilter
    ActiveSheet.Range("$A$1:$E$1000").AutoFilter Field:=2, Criterial:="TR-A"
    Columns("A:E").Select
    Selection.Copy
    Range("B371").Select
    Sheets("TR-A").Select
    Range("A1").Select
    ActiveSheet.Paste
    Sheets("オリジナルデータ").Select
    Application.CutCopyMode = False
    Selection.AutoFilter
    Sheets("オリジナルデータ").Select
End Sub
```

ここに注目!

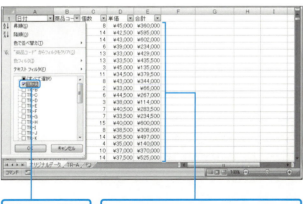

Criteria1 := "TR-A"

フィルタの範囲
B列 (商品コード) はフィルタの範囲内で左から2列目 (Field:=2と記述されている)

5 挑戦! マクロを読み解こう!

Column モジュールに名前を付けるとわかりやすい！

「Sub～End Sub」のことを**プロシージャ**といいます。1つのモジュールにいくつものプロシージャを書くと、見るのも嫌になる文字数になることがよくあります。

そのような場合は、機能ごとでモジュールを分けると1つのモジュールの文字数が少なくなり、見ただけで嫌になるということが減るかもしれません。また、機能ごとに分けておくことで、「どのモジュールに書いたっけ？」ということも少なくなるでしょう。その際の注意事項は、モジュールにちゃんと名前を付けておくということです。

⑰（本文74ページ参照）で説明したプロパティウィンドウでモジュール名を変更できます。手順は以下のようになります。

❶ モジュールを選択する
❷ プロパティウィンドウでモジュール名が書いてある部分を自分が付けたいモジュール名に変更する

ただし、1つだけ注意してください。マクロ名として付けた名前をモジュール名に付けてはいけません。

例えば、「Sub テスト ～ End Sub」というマクロを作成したとします。このマクロのマクロ名は"テスト"ですので、そのファイルにあるモジュールには"テスト"という名前は付けられません（エラーになります）。

そこで筆者は、マクロ名とモジュール名が同じにならないように、"M_テスト"などと、モジュールの名前には必ず先頭に"M_"を付けるようにしています（当然マクロ名にはM_は使わないようにします）。

第6章

挑戦! VBAの文法で
ステップアップ!

この章では、マクロをカスタマイズできるようになるために
VBAの文法をおぼえます。

花子：VBAで書かれているマクロの中身もなんとなくわかり
　　　ました！　本当に作業したことが、そのまま書かれて
　　　いるだけなんですね！
部長：それじゃ、レベルアップするためにVBAの基本文法
　　　を勉強しよう！
花子：文法ですか…、英語みたいですね…(^^;)文法という
　　　言葉に拒絶反応が…
部長：大丈夫、英語みたいに過去形とか現在進行形とかな
　　　いから！　いくつかの文法さえおぼえておけば、それ
　　　だけで相当違うよ！
花子：わ、わかりました。それなら、やってみます。

プログラミングの考え方

　第5章では、マクロの記録機能で記録されたプログラム（マクロ）の解読に挑戦しました。しかし、マクロをカスタマイズするには解読だけでは不十分です。むしろ、VBAの文法を少しだけでいいのでおぼえることと、プログラミングの考え方を学ぶことが大切です。

- VBAの文法を少し覚える
- プログラミングの考え方を学ぶ

　例えば、第3章で「TR-A」という商品コードの商品のデータだけを抽出するというマクロを記録しました。これが、「TR-B」も「TR-C」も…「TR-Z」も…、なんてことになったらどうしますか？　A〜Zまで26回もほとんど同じ作業を繰り返してマクロを記録しますか？
　途中で失敗したら、最初からやり直さなければいけません。失敗しても心が折れない自信はありますか？

作業が多い　＝　マクロの記録も大変!

VBAの文法とプログラミングの考え方を少し学べば、同じ作業を26回も必死で繰り返してマクロを記録するなんて考えは吹っ飛びます。

　本章では、VBAでのモノの呼び方、変数への代入、繰り返し、条件分岐など、基本的な文法を扱います。

　これらをマスターするだけで、記録したマクロをカスタマイズできるようになります。

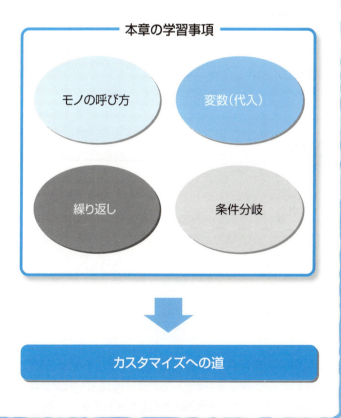

本章の学習事項
- モノの呼び方
- 変数（代入）
- 繰り返し
- 条件分岐

カスタマイズへの道

6 挑戦！ＶＢＡの文法でステップアップ！

24 VBAでの"モノ"の呼び方

エクセルの中には、ファイル、シート、範囲、グラフなど、たくさんの"モノ"が存在します。それらの"モノ"をVBAの中では次のように呼びます。

アプリケーション ➡ 『Application』（アプリケーション）
ファイル ➡ 『Workbook』（ワークブック）
シート ➡ 『Worksheet』（ワークシート）
範囲 ➡ 『Range』（レンジ）
グラフ ➡ 『Chart』（チャート）

ファイルを「Workbook」と呼ぶこと以外は英語表記にしただけなので、おぼえやすいでしょう。これらの"モノ"を総称して**オブジェクト**といいます。

プログラムの中で、セルは「○行目の○列目のセル」と指定します。図のようにシートの横方向のセルのかたまりが**行**、縦方向のセルのかたまりが**列**です。プログラム中でセルは次のように表現します。

```
Cells (行, 列)
```

マクロの記録では、

```
Range ("A1")
```

というように記述されたと思いますが、Range("A1")はCells(1,1)と同じセルを意味します。VBAでプログラミングするのであれば、Cellsの書き方の方が便利です。

Excel のモノの名前

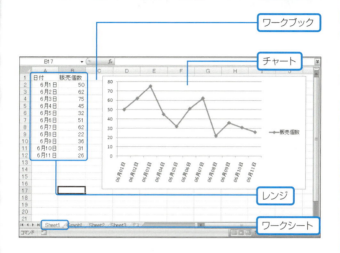

- ワークブック
- チャート
- レンジ
- ワークシート

6 挑戦！ＶＢＡの文法でステップアップ！

Cells(行, 列)

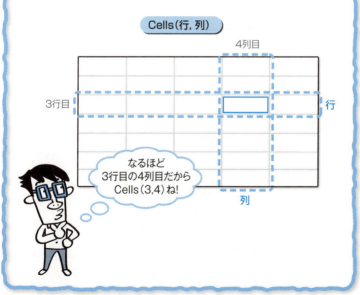

なるほど
3行目の4列目だから
Cells(3,4)ね!

25 Activeでない ワークシートの値を取得

　マクロの記録で記述されたプログラム中のRange("A1")やColumns("A:E") は、すべてActiveSheetのRange("A1")やColumns("A:E") であることは第5章で説明しました。

　マクロの記録では作業をする際に必ず、そのセルがあるシートをActiveにするのでそれでもよいのですが、自分でプログラムを書く際はActiveでないシートのセルの値を取得する際に、わざわざそのシートをActiveにする必要はありません。

　"test.xlsm"というワークブックの"Sheet1"というワークシートの2行1列目のセルは、次のように表記します。

```
Workbooks("test.xlsm").Worksheets("Sheet1").Cells(2,1)
```

ワークシートの指定は、

```
Worksheets("Sheet1")
```

というように、名前で指定することもできますし、

```
Worksheets(1)
```

と数字で指定することもできます。数字で指定した場合は、いちばん左にあるワークシートが Worksheets(1)です。左

から順番に 1,2,3……となります。

ちなみに、プログラムが書かれているワークブックを ThisWorkbook と呼び、次のように表現することもできます。

```
ThisWorkbook.Worksheets("Sheet1").Cells(2,1)
```

のように表現することもできます。

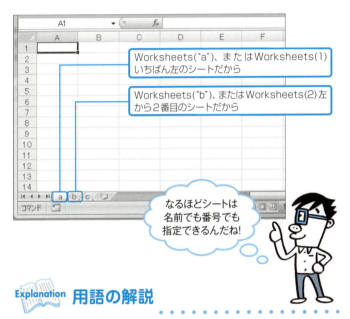

Explanation 用語の解説

* **Activate と Select**…Activesheet とは表示されているシートのことです。シートを Activate するというプログラムを記述すると、Active になります。また、マクロの記録でもあったように、1つのシートを Select しても Active になります。ただし、Select は複数のシートを同時に選択することもできますが、同時に Select したすべてのシートが Activesheet になるわけではありません。Activesheet とはあくまでも表示されているシートのことです。

26 SheetとWorksheetの違い

エクセルのシートにはグラフシートとワークシートの2種類があります。

Sheetはグラフシートとワークシートの両方を含みます。Worksheetはワークシートのみです。

ふだんセルに値を入力しているシートはワークシートです。マクロの記録ではSheetで記録されますが、本書では、マクロのカスタマイズやプログラムの記述の際にWorksheetを用います。なぜなら、グラフシートだけ、ワークシートだけに働くマクロを作るときなどに便利だからです。

はじめのうちは特に区別せず、SheetもWorksheetも"シート"とおぼえておいても問題はないでしょう。

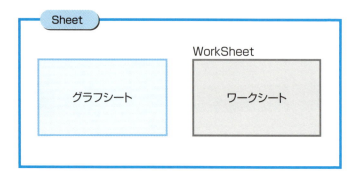

グラフシートとワークシート

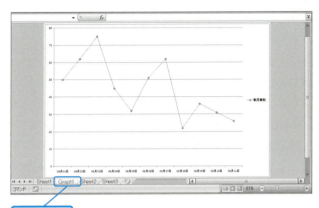

グラフシート

ワークシート

へぇ~
グラフシートと
ワークシートが
あるんだぁ

6 挑戦！VBAの文法でステップアップ！

27 変数

今日の日付や気温などで、コード内の計算式は同じでも、毎回異なる数字を使う場合、そのたびにコードを書き換えなければならないのでしょうか?

VBAではセルに書き込んでおかなくても、プログラムの実行中は**変数**という入れ物に入れて、コンピュータに記憶させることができます。そして、変数に値を入れることを**代入**といいます。

例として、次の2つの文を考えてみましょう。

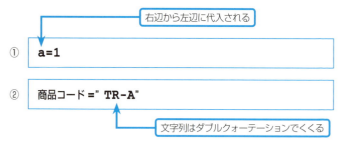

この例では、①はaという変数に数字の1を代入したことになり、②は商品コードという変数に「TR-A」という文字を代入したことになります。

- **変数**

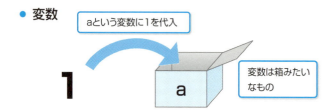

代入と算術演算子

> aには1が代入されている

```
a=1
商品コード = Cells(a,1)
```

は1行目でaという変数に1を代入しているので、
Cells(a,1) は、Cells(1,1) と同じになります。
　よって、商品コードという変数にはCells(1,1) の値が代入されます。

```
税込価格 = Cells(1,1) * 1.05
```

　この例では、税込価格という変数にCells(1,1) の値に1.05を掛けた値が代入されます。
　「+」や「-」などのように計算で使う記号のことを算術演算子といいます。

● 算術演算子一覧

算術演算子	演算名	使用例	aの値
+	足し算	a = 9 + 2	11
-	引き算	a = 9 - 2	7
*	掛け算	a = 9 * 2	18
/	割り算	a = 9 / 2	4.5
^	べき乗	a = 9 ^ 2	81
¥	商	a = 9 ¥ 2	4
Mod	余り	a = 9 Mod 2	1

28 変数の宣言

変数を使うときは、あらかじめ「この変数を使いますよ」とプログラムの最初に宣言します。

宣言方法は次のとおりです。

```
Dim 変数名 As データ型
```

データ型とは、宣言した変数はどんな値を入れるためのものなのかを指定したものです。整数、文字、小数など、いろいろなデータ型があります。

整数を入れるInteger型、文字を入れるString型、日付を入れるDate型、小数を入れるDouble型は覚えておきましょう。ただし、Integer型は−32,768〜32,767の範囲の値しか入らないので、1,000,000など値の大きな整数を扱うときはLong型で宣言しましょう。

- 変数の宣言

何を入れる箱(変数)かを宣言する

整数用　　　　文字列用

データ型の意味

データ型	記憶領域のサイズ
バイト型(Byte)	1バイト
範囲	0〜255
ブール型(Boolean)	2バイト
範囲	真(True)または偽(False)
整数型(Integer)	2バイト
範囲	−32,768〜32,767
長整数型(Long)	4バイト
範囲	−2,147,483,648〜2,147,483,647
単精度浮動小数点数型(Single)	4バイト
範囲	−3.402823E38〜−1.401298E−45(負の値) 1.401298E−45〜3.402823E38(正の値)
倍精度浮動小数点数型(Double)	8バイト
範囲	−1.79769313486231E308〜−4.94065645841247E−324(負の値) 4.94065645841247E−324〜1.79769313486232E308(正の値)
通貨型(Currency)	8バイト
範囲	−922,337,203,685,477.5808〜922,337,203,685,477.5807
日付型(Date)	8バイト
範囲	西暦100年1月1日〜西暦9999年12月31日
文字列型(String)(可変長)	10バイト+文字列の長さ
範囲	0〜2GB
バリアント型(Variant)(数値)	16バイト
範囲	倍精度浮動小数点数型の範囲と同じ
バリアント型(Variant)(文字列)	22バイト+文字列の長さ
範囲	可変長の文字列型の範囲と同じ

例）

```
Dim a As Integer
Dim 商品コード As String

a=1
商品コード = Worksheets ("商品コード"). Cells (行,1)
```

aは整数を代入する変数なので、Integer型で宣言する。商品コードは文字列を代入する変数なので、String型で宣言する。

```
Dim 売上金額 As Long

売上金額 =1500000
```

−32,768〜32,767の範囲でない整数を代入する場合は、Integer型では入りきらないのでLong型で宣言します。

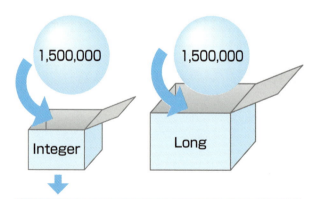

大き過ぎて入らない。代入する値が大き過ぎてあふれてしまう（オーバーフローという）。

```
Dim 体重 As Double
```
体重という変数には小数を入れるので、Double型で宣言する
```
体重 =65.8
```

Column データ型の不自然な範囲

各データ型の範囲はなぜ不自然な範囲なのでしょうか？
例えば、Integer型は-32,768〜32,767です。
-40,000〜40,000ではいけなかったのでしょうか？
その答えはコンピューターの仕組みにあります。

簡単にいうと、コンピューターの中の回路には電気が流れていて、電圧が高ければ1、電圧が低ければ0というように判別します。0と1だけですべての計算を行っている世界なのです。そこで、必要になるのが2進数といい、そのときの桁数はbit（ビット）で表します。

ふだん、生活の中で使っている数字は10進数ですが、コンピューターは2進数の数字が得意なのです。

Integer型は2進数で16桁（16bit：2バイト＊）まで準備されたデータ型です。2^{16}は10進数だと65535となり、この数字を正負に割り振って-32,768〜32,767という範囲になります。

このように各データ型は2進数で何桁まで表現できるかを決められているので、人間が見ると不自然な範囲になってしまうのです。

ちなみに、Long型は2進数で32桁（32bit：4バイト）まで準備されたデータ型です。

＊8bit=1バイト

29 繰り返し

　マクロの記録をしていると、同じような処理が連続する場合があります。

　第3章の売上データを製品別シートに分ける場合、TR-Aという1つの商品コードだけで、マクロを記録しました。

　しかし、これがTR-Aだけでなく、TR-B、TR-C…もシートを分けるとなると、次の作業も記録しなくてはいけません。

① TR-A という製品のデータを抽出・コピーして、TR-A というシートに貼り付ける。
② TR-B という製品のデータを抽出・コピーして、TR-B というシートに貼り付ける。
③ TR-C という製品のデータを抽出・コピーして、TR-C というシートに貼り付ける。
　　　　　　　　　　︙

　①〜③は同じような作業なのに、すべて記録しなくてはいけないのでしょうか？　これがもし、50の商品になると、50回も繰り返すのでしょうか？

　この作業手順は次の作業の繰り返しと考えられます。

　○○という製品のデータを抽出・コピーして、○○というシートに貼り付ける。

　このような繰り返しに使う構文がFor文です。

同じ処理を繰り返す

作業1	TR-Aのデータを抽出・コピーして、TR-Aシートに貼り付け
作業2	TR-Bのデータを抽出・コピーして、TR-Bシートに貼り付け
作業3	TR-Cのデータを抽出・コピーして、TR-Cシートに貼り付け
⋮	
作業26	TR-Zのデータを抽出・コピーして、TR-Zシートに貼り付け

○○のデータを抽出・コピーして、○○シートに貼り付け

作業1～26は○○が違うだけ
○○の部分を変数にして値を変えれば、この文を使い回すことができる。

26回繰り返す

○○のデータを抽出、コピー

○○シートに貼り付け

26回繰り返す間に○○は、TR-A➡TR-B➡TR-C➡…TR-Zと変化していく

30 For文

　前のページの例をプログラムにするのは第7章で行います。その前に、簡単な例でFor文を理解しましょう。

　まず、For文の書き方ですが、次のように記述します。

```
For 変数 = 開始値 to 終了値

            処理

Next 変数
```

　For文では、Forから始まりNextまでいくと変数に1が足されてForに戻ります。

　その間に、For〜Nextの間に書かれている処理が実行されます。Forに戻った時点で変数が終了値を超えていたらFor文はおしまいです。開始値が1で終了値が4の場合、For文の中の処理は4回繰り返されます。例えば、以下の記述では、Sheet1の1列目の1〜4行目のセルに1という値が代入されます。

```
For i=1 to 4
  WorkSheets ("Sheet1") .Cells (i,1) =1
Next i
```

For 文の作法

1～4まで繰り返し | この文を4回繰り返す

```
For i=1 to 4
    WorkSheets("Sheet1").Cells(i,1) =1
Next i
```

● 1回目

② 戻る
```
For i =1 to 4
    ① i の値は 1
Next i
```

● 2回目

④ 戻る
```
For i =1 to 4
    ③ i の値は 2
Next i
```

● 3回目

⑥ 戻る
```
For i =1 to 4
    ⑤ i の値は 3
Next i
```

● 4回目

```
For i =1 to 4
    ⑦ i の値は 4
Next i   ⑧
```
4まで繰り返したので終了

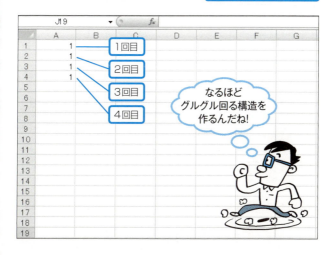

1回目／2回目／3回目／4回目

なるほど
グルグル回る構造を
作るんだね！

31 条件分岐

プログラムの中で「こんな場合はこうする、あんな場合はああする」と、条件によって処理の内容を変えることを条件分岐といいます。

例えば、店舗ごとの売上を比較する場合、

売上が1000万以上ならAランク
売上が500万以上1000未満ならBランク
売上が500万未満ならCランク

とランク付けする場合は、売上という「条件」（変数）によって、ランク判定という「処理」を変えています。

条件	処理
1000万以上	Aランクにランク付け
500万以上1000未満	Bランクにランク付け
500万未満（上記以外）	Cランクにランク付け

この条件分岐をVBAで記述すると、次のようになります。

```
If 10000000 <= 売上 Then
    ランク = "A"

ElseIf 5000000 <= 売上 And 売上 < 10000000 Then
    ランク = "B"
```

売上が10000000以上のときランクAとします

売上が5000000以上10000000未満のときランクBとします

```
Else
    ランク = "C"
End If
```

それ以外のときランクCとします

If 文の作法

条件分岐には、If 文という構文を使います。If 文は条件の数によって、次のように記述します。

▼パターン1

```
If 条件1  Then
    処理1
End If
```

条件1に合ったときに処理1を行います。

▼パターン2

```
If 条件1  Then
    処理1
Else
    処理2
End If
```

条件1に合ったときに処理1を行い、それ以外のときには処理2を行います。

▼パターン3

```
If 条件1  Then
    処理1
ElseIf  条件2  Then
    処理2
Else
    処理3
End If
```

条件が合ったときに対応する処理を行います。どの条件にも合わないときには処理3を行います。

なお、ElseIfは他に条件があれば、いくつでもつなげることが可能です。

32 比較演算子と論理演算子

■ 比較演算子

比較演算子とは数字の大小を比較する「<」のような記号です。If文の条件でよく使います。

比較演算子も算術演算子と同様に算数とほとんどいっしょですが、少しだけ違います。

算数だと「≦」と書きますが、VBAでは「<」の下に「=」が付けられないので、「<=」と記述します。

比較演算子	説明
=	左辺と右辺が等しい
<>	左辺と右辺が異なる
<	左辺が右辺より小さい
>	左辺が右辺より大きい
<=	左辺が右辺以下
>=	左辺が右辺以上

■ 論理演算子

論理演算子とは、If文の条件で「And（かつ）」や「Or（または）」のように、条件を組み合わせて使う場合に使用する単語です。

例えば、売上が500万以上1000未満ならBランクとする処理について考えてみましょう。

比較演算子を使って算数や数学で記述したのと同じように、

```
5000000 <= 売上 < 10000000
```

と考えてしまいがちなのですが、プログラムの中ではこのような記述はできません。この場合は、

売上が500万以上
売上が1000未満

という2つの条件の合わせ技と考えて、次のように記述します。この場合の「And」が論理演算子です。

```
5000000 <= 売上 And 売上 < 10000000 Then
```

論理演算子は6つありますが、次の3つを知っておけば十分です。And、Orは必須です。

論理演算子	意味	説明
And	かつ	両方の条件に当てはまる部分
Or	または	片方だけでも条件に当てはまる部分
Not	でない	条件に当てはまらない部分

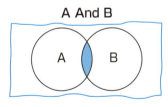
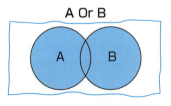
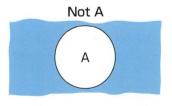

色の部分が当てはまる場合に処理を行うんだね!

Column 置換機能で修正もラクラク

プログラム中の指定した単語を一度に直したい場合、1つずつ直していく必要はありません。「ワード」「エクセル」「パワーポイント」の一般的な機能としてある置換機能を、VBAのエディター(VBE)の中でも使うことができます。

VBEのメニューバーで[編集]➡[置換]を選択して、[検索する文字列]を設定し、[置換後の文字列]を設定します。[対象]は[カレントプロシージャ][カレントモジュール][カレントプロジェクト]の3つがありますが、[カレントプロシージャ]を選択しておけばよいでしょう。

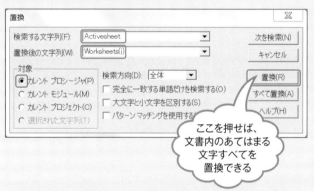

ここを押せば、文書内のあてはまる文字すべてを置換できる

ちなみに、Sub～End Subのことを**プロシージャ**といいます。**カレントプロシージャ**とは、いまカーソルがあるプロシージャのことなので、[対象]を[カレントプロシージャ]にするということは、置換の対象範囲をいまカーソルがあるプロシージャにするということです。

カレントモジュールはカレントプロシージャがあるモジュール、**カレントプロジェクト**とはカレントプロシージャがあるファイルのモジュールすべて、ということを意味します。

第7章

挑戦！ マクロを
カスタマイズしてみよう！①

この章では、Chap07.xlsm（本文184ページ参照）を
ダウンロードして、第6章で学んだVBAの文法を使って
マクロをカスタマイズします。
完成版はChap07F.xlsm（本文184ページ参照）です。

花子：基本文法のお勉強はなんとか、乗り切りました。
部長：よしっ！ よく頑張った。そしたら、全商品のデータを商品ごとにシートに分けるように、第3章で作ったマクロをカスタマイズしてみよう。商品は全部で26個あるから、For文で26回繰り返せばいいんだね。
花子：はい！ わかりました！

カスタマイズへの道

　この章では、第6章で学んだVBAの文法を活用して記録したマクロを書き換えたり、命令文を追加することによる改良（カスタマイズ）に挑戦します。

　記録したマクロを「ほんのちょっと」変えるだけで驚くほど機能が向上します。

　例えば、繰り返し（For文）を思い出してみましょう。記録したマクロに次のようにFor文を付け足してみます。

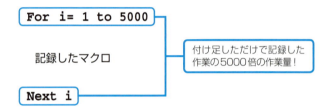

　これだけで、1回記録したマクロを連続で5000回も実行できるようになります。

　実際には同じマクロを5000回繰り返しても意味がないので、記録したマクロの中をカスタマイズする必要がありますが、それも「ほんのちょっと」の変更です。そのほとんどが、第6章で学んだ以下の3パターンです。

- ・変数を作って、値を代入
- ・For文で繰り返し
- ・If文で条件分岐

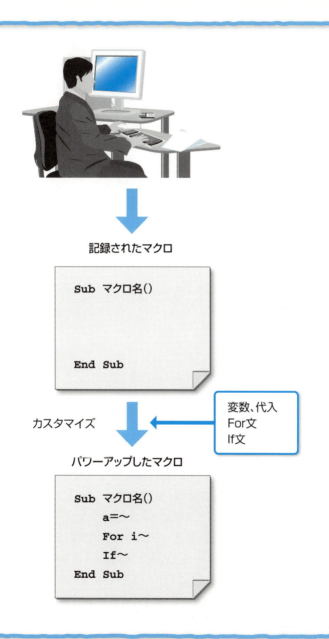

33 データ抽出作業

　第3章で作った花子さんのマクロは、「オリジナルデータ」というシートのデータの中で、TR-Aという商品コードを持つデータだけを、「TR-A」というシートに抽出するというものでした。

　このマクロで作業時間が短縮されたので、花子さんはTR-Aのデータだけでなく、TR-Bのデータは「TR-B」というシート、TR-Cのデータは「TR-C」というように各商品コードのシートにデータを抽出することにしました。

　この作業にも対応できるように、第3章で作ったマクロをカスタマイズしてみましょう。

● 方針

第6章で述べたように、

> ○○という製品のデータを抽出・コピーして、○○というシートに貼り付ける

という処理を繰り返し処理で26回繰り返し、その間に○○の部分を、TR-A➡TR-B➡TR-C➡…と変えていくことにします。

　○○の部分は**商品コード**というString型の変数を使います。「商品コード」というシートのA列に商品コードをあらかじめ書き込んでおき（1行目にTR-A、2行目にTR-B、3行目にTR-C、……）、For文を使って、TR-A➡TR-B➡TR-C➡……と読み込んでいくことにします。

繰り返し処理

❶「商品コード」という変数が、TR-A➡TR-B➡TR-C➡…となるようにするには？

	A	B	C	D	E
1	TR-A				
2	TR-B				
3	TR-C				
4	TR-D				
5	TR-E				
6	TR-F				
7	TR-G				
8	TR-H				
9	TR-I				
10	TR-J				
11	TR-K				

商品コード / オリジナルデータ / TR-A / TR-B

```
For i = 1 To 26
 商品コード = Worksheets("商品コード").Cells(i, 1)
Next i
```

❷ それぞれの商品コードのデータを抽出・コピー・貼り付けます。

```
For i = 1 To 26
 商品コード = Worksheets("商品コード").Cells(i, 1)
 商品コード のデータを抽出・コピーして、
 商品コード シートに貼り付ける
Next i
```

　　　　　は変数

7 挑戦！マクロをカスタマイズしてみよう！①

マクロのカスタマイズをしてみよう！

次の手順でマクロをカスタマイズしてみましょう。

❶ ダウンロードページから「Chap07.xlsm」をダウンロードします。このファイルには第3章で記録したマクロが入っています。また、「商品コード」「オリジナルデータ」「TR-A」「TR-B」「TR-C」…シートが準備されています。
❷ マクロを有効にします。
❸ VBEを開きます。
❹ 次のようにプログラムを書き換えます。

　　　　　　　➡ 付け加える部分
　　　　　　　➡ 書き換える部分
　　　　　　　➡ 特に必要ないので、消しましょう

カスタマイズが終わったら、「オリジナルデータ」シートのデータ抽出ボタンを押してみましょう。それぞれの商品コードのシートに、データが抽出されているはずです。

POINT　小文字で入力

プログラムの入力は小文字で入力しても、入力が合っていれば必要な部分は自動で大文字に変換されます。例えば、「dim」と小文字で入力しても本来は「Dim」なので自動で「Dim」に変換されます。

マクロを書き換える

```
Dim 商品コード As String     ←追加
Dim i As Integer            ←追加
For i = 1 To 26
  商品コード = Worksheets("商品コード").Cells(i, 1)
  Sheets("オリジナルデータ").Select
  Range("A1").Select          ←削除
  Selection.AutoFilter
  ActiveSheet.Rang("$A$1:$E$1000")._
    AutoFilter Field:=2, Criteria1:=商品コード
  Activesheet.UsedRange.Select   ←変更（使っている範囲）
  Selection.Copy
  Sheets(商品コード).Select        ←変更
  Range("A1").Select
  ActiveSheet.Paste
Next i                       ←追加

Sheets("オリジナルデータ").Select
Application.CutCopyMode = False
Selection.AutoFilter
```

なるほど
データの入力されている範囲だけを選択するんだね!

For文を使った繰り返しだ!

少し手を加えただけで機能向上!

Column　まずは単機能を作る

この章ではFor文が非常に便利なことがわかりました。実はここで学んだことはプログラミングの王道なのです。

繰り返し処理(For文)は、ほとんど同じことを何回も繰り返すときに使います。今回の例だと商品コードが違うだけで「抽出して、シートに貼り付ける」という作業は同じでした。そこにFor文を使って、商品コードの数だけ繰り返したわけです。

他の例も考えてみましょう。

1行目から1000行目まで「A列×B列×1.08」という計算をして、C列に記入するというプログラムを作りたいとします。この処理は1～1000行目までまったく同じ処理です。違うのは行だけです。

この場合、「A1セル × B1セル ×1.08」の値を C1セルに書くというプログラムをまずは作ります (単機能の作成)。この単機能をFor文でくくって、1～1000まで繰り返すように指示をします。

ただ、For文でくくるだけだと、1行目の処理が1000回繰り返されるだけなので、本章でやったように、行の部分をiに変えてi行目を処理するようにすることで、1～1000行目まで同じ処理が繰り返されるわけです。

単機能を作る ➡ For文で括る ➡ 行をiに変更する

というプロセスは、エクセルのプログラミングでは王道の処理なので、これだけ覚えておくだけでもかなりの場面で使えるはずです。

第 **8** 章

挑戦！ マクロを
カスタマイズしてみよう！②

この章では、Chap08.xlsm（本文184ページ参照）を
ダウンロードして、マクロの記録＆マクロのカスタマイズで
請求書を作成するマクロを作成します。
完成版はChap08F.xlsm（本文184ページ参照）です。

花子：今度は抽出のマクロを応用して、請求書作成マクロに
　　　挑戦したいと思います。
部長：全部マクロに頼るのではなく、ひな形を作っておい
　　　て、そのシートに関数を書いておくと、意外と簡単に
　　　いろんなことができるよ！
花子：ひな形とは思い付きませんでした。少し考えてみま
　　　す！　あと、作った請求書をPDFファイルで保存した
　　　いんですが、できますかね？

書類作成とひな形

　エクセルは表計算ソフトですので、「エクセルの本業は計算すること」といえます。

　しかし、エクセルというソフトは非常に使い勝手が良いので、書類の作成にも多く使用されています。エクセルでひな形を作っておいて、必要なときに文字や数字を入力して使うという方法が一般的でしょう。

　また、データベースからデータを抽出してまとめたり、エクセル自体でデータを管理したりする場合もあるので、エクセルのワークブックの中に、書類を作るのに必要なデータが存在することもあります。ひな形とデータがあれば、マクロを使って自動で書類を作ることも可能です。

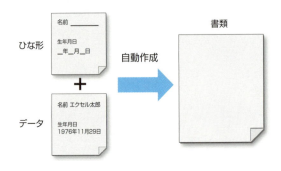

自動で書類を作る場合に、セルに値を入力する作業はどのように行えばよいのでしょうか？

　1つの方法として、セルに値を入力する作業をマクロに記録するか、VBAでセルに値を入力するプログラムを書く方法が挙げられます。

　もう1つの方法は、ひな形のセルにどこの値を参照するか、あらかじめ式を記入しておき、参照元のセルにマクロで値を入力するという方法です。

　後者の方がいろいろ応用できるので、本章では後者の入力方法と、マクロのカスタマイズで請求書を作成する、という例題を扱います。

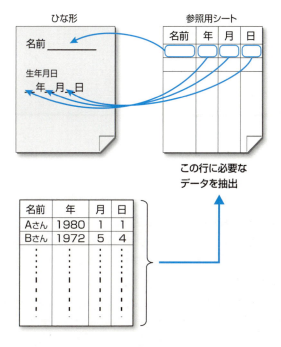

35 請求書の作成

花子さんは第3章で説明したフィルタ機能を使って、Chap08.xlsm（ダウンロードファイル）の「データ」シートから特定の注文番号のデータを抽出して、顧客に送る請求書を作成しています。この作業を、マクロを使って簡単にしましょう。

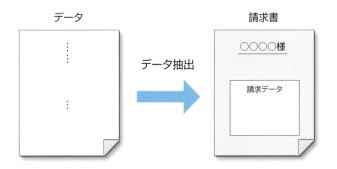

■ 作成方針

Chap08.xlsmの「データ」シートから特定の注文番号のデータをコピーして「work」シートに貼り付けます。これだけで、請求書が作れるようにします。

そのためには、「請求書」シートから「work」シートの値を参照したり、エクセルの関数を利用して、請求書のひな形をあらかじめ作っておく必要があります。

このように、エクセルのデータ参照や関数とマクロを組み合わせることによって、簡単に書類の作成ができます。

マクロの構想

▼ Chap08.xlsm「データシート」

ボタンを押すと、抽出、コピー、貼り付け

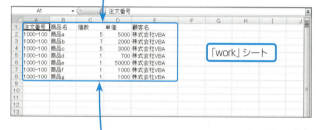

「work」シート

「work」のデータを参照している

なるほど
関数でworkに
抽出した値を参照して
いるんだね!

36 マクロで請求書一発作成！

エクセルの検索機能とフィルタ機能を使って、ある注文番号のデータを「work」というシートに抽出する作業を記録します。

データをシートに抽出する

❶「work」シートを表示させて、マクロの記録を開始します。マクロ名は「請求書作成」とします。

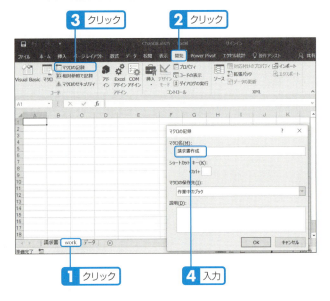

❷「データ」シートを表示させ、[検索と選択] ボタンをクリックし、[検索] を選択すると、検索と置換ウィンドウが表示されます（Ctrl+f でも同じウィンドウが表示されます）。

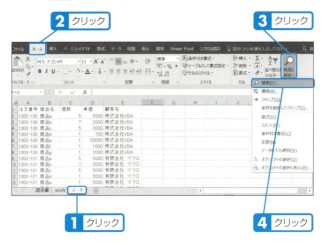

❸検索と置換ウィンドウに「1000-100」と入力し（必ず半角で入力してください）、[次を検索] ボタンをクリックし、「1000-100」が記述されたセルが選択されたら、[閉じる] ボタンをクリックします

❹「1000-100」が記述されたセルが選択された状態で右クリックし、[フィルタ] ➡ [選択したセルの値でフィルタ] を選択します。

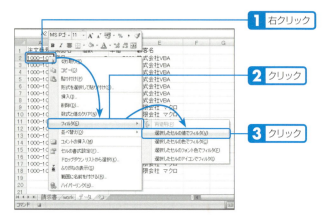

❺「データ」シートのA〜E列全体を選択し、右クリック ➡ [コピー] でA〜E列全体をコピーします。

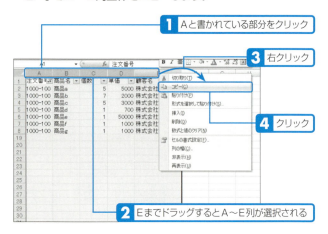

❻「work」シートの「A1」セルを選択し、右クリック➡[貼り付け]でコピーしたデータを「work」シートに貼り付けます。

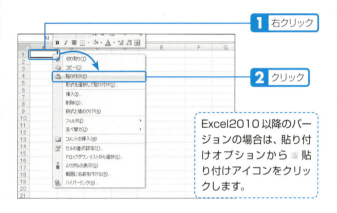

> Excel2010以降のバージョンの場合は、貼り付けオプションから貼り付けアイコンをクリックします。

❼「データ」シートを表示させ、[データ]タブをクリックし、[フィルタ]ボタンをクリックし、フィルタ機能を終了し、「開発」タブの「記録終了」ボタンをクリックします。

> フィルタを解除しておくのもPointだね

37 検索と置換ウィンドウが表示されない？

　それでは、記録したマクロを実行してみましょう。このマクロを実行すると、検索と置換のウィンドウは表示されず、注文番号が「1000－100」のデータが検索され、フィルタ機能で「1000－100」のデータだけが抽出され、「work」シートに貼り付けられます。この動きは皆さんが想像した動きと違うと思うのではないでしょうか？

　このマクロを実行すると、検索と置換のウィンドウが出てきて、そこで入力した注文番号のデータが抽出されるのでは？と思われたかもしれません。
　しかし、実際には検索と置換ウィンドウを使ってマクロを記録しても、実行時には検索と置換ウィンドウは表示されず、記録されたマクロは、記録時に検索と置換ウィンドウで入力した「1000－100」という注文番号で、検索と抽出が実行されます。

検索と置換ウィンドウ

想像では…

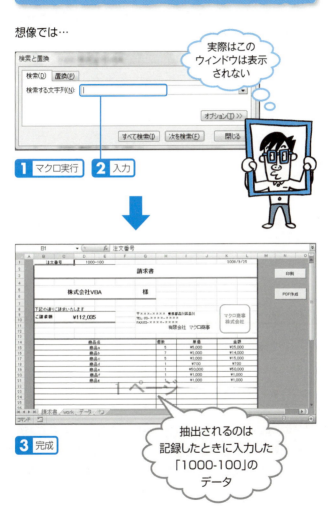

38 マクロのカスタマイズ

　前のページで説明したように記録したマクロのままでは、注文番号を指定することができません。そこで、注文番号を指定できるようにマクロをカスタマイズします。

　「データ」シートのCells（1,8）セルに注文番号を入力し、請求書作成ボタンを押すと、Cells（1,8）セルに記入された注文番号のデータを「work」シートにコピーするようにします。

　このカスタマイズには繰り返しも条件分岐も必要はありません。必要なのは、注文番号を代入するための変数だけです。

　次ページのようにプログラムを書き換えます。

　　　　　　➡ 付け加える部分
　　　　　　➡ 書き換える部分
　　　　　　➡ 必要ないので、消しましょう

　緑字の部分は、検索と置換ウィンドウ検索した部分のプログラムです。検索と置換ウィンドウを使っても、マクロには記録されない、ということをわかっていただきたかったので、検索部分も記録してもらいましたが、説明したとおり、マクロの実行で検索と置換ウィンドウの入力部分は使えないので、消してください（消さなくても、プログラムは動きます）。

注文番号を指定できるようにする

ボタンも作ってみましょう（第2章参照）　　ここに注文番号を入力

```
Dim 注文番号 As String          ← 追加

注文番号 = Worksheets("データ").Cells(1, 8)   ← 追加

Sheets("データ").Select

Range("A1").Select
                                ← 削除
Cells.Find(What:="1000-100", After:=ActiveCell, LookIn:=xlFormulas, _
    LookAt:=xlPart, SearchOrder:=xlByRows, SearchDirection:=xlNext, _
    MatchCase:=False, MatchByte:=False, SearchFormat:=False).Activate

ActiveSheet.Range("$A$1:$E$18").AutoFilter _
        Field:=1, Criteria1:=注文番号        ← 変更

Columns("A:E").Select

Selection.Copy

Sheets("work").Select

Range("A1").Select

ActiveSheet.Paste

Sheets("データ").Select

Application.CutCopyMode = False

Selection.AutoFilter

Sheets("請求書").Select

Range("B1:C1").Select
```

8 挑戦！マクロをカスタマイズしてみよう！②

133

39 請求書のひな形

次に、請求書のひな形について説明します。

請求書を作りたい注文番号のデータは、「work」というシートに貼り付けてあります。「請求書」シートでは「work」の値を参照しています。

● **商品名、個数、単価**

商品名のセル、例えばB15セルには「=IF(work！B2<>"",work！B2,"")」という式が記述されています。

これは「work」というシートのB2セルが""(空白)でなかったら、B2のセルの値を表示するというものです。

商品名の他のセルや、個数、単価のセルに、同様に「work」シートの値を参照するようになっています。

● **金額**

金額のセル、例えば、K15セルには「=IF(I15<>"",I15*H15,"")」という式が記述されています。

これは、I15セルが""(空白)でなかったら、I15×H15の値を表示するものです。K16以降のセルも同様の式が入力されています。

小計、消費税、合計請求額、注文番号、宛名などのセルにも式が記述され、適切な値が表示されるようになっています。

請求書のひな形

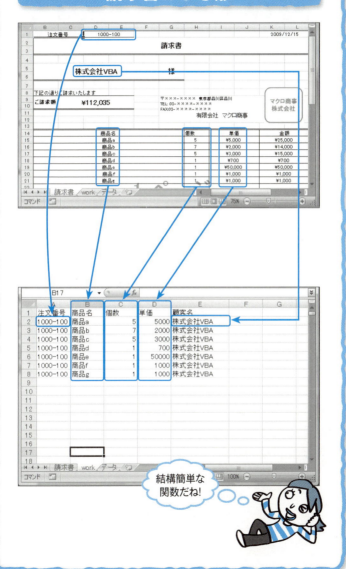

40 請求書をPDFファイルにしてみよう！

　請求書を電子メールで送る場合などを考えると、PDFファイルに出力できると便利です。そこで、請求書をPDFファイルにすることを考えましょう。

● マクロの記録

　まず、マクロの記録前に、第2章を参考に印刷範囲の設定をしておいてください。

❶「work」シートが表示された状態でマクロの記録を開始し、マクロ名は「PDF作成」とします。
❷「請求書」シートを表示させ、[ファイル] タブをクリックし、[名前を付けて保存] をクリックしてファイルの種類でPDFを選択します。

● マクロのカスタマイズ

　ファイル名を「注文番号.pdf」となるようにカスタマイズします。次ページのようにプログラムを書き換えます。

PDFファイルの出力

```
Sub PDF作成()

Dim 注文番号 As String
Dim 保存先 As String

  注文番号 = Worksheets("請求書").Cells(1, 4)
  保存先 = "C:\VBA\"

  Sheets("請求書").Select
ActiveSheet.ExportAsFixedFormat  Type:=xlTypePDF, Filename:= _
    保存先 & 注文番号 & ".pdf", Quality:=xlQualityStandard, _
    IncludeDocProperties:=True, IgnorePrintAreas:=False, OpenAfterPublish:= _
    True
End Sub
```

 追加

変更

&を使って文字列をつなぎ合わせるんだね!

保存先は自分の好きなフォルダのパスを記入してください。最後の¥マークも忘れずに付けましょう。

保存先という変数にはPDFを保存したいフォルダのパスを記述してください。

POINT PDF出力のためのアドイン

この機能はExcel2007ではPDF出力のためのアドインがインストールされていなければ使えません。Officeボタンをクリックし、[名前を付けて保存]で[PDFまたはXPS]が表示されていれば、PDF出力のためのアドインはインストールされています。

メールを作成してファイルの添付もできる

　この章では、請求書を作ってPDFファイルで保存するマクロを作成しました。仕事の流れとしては、このファイルをメールで客先に送るということも多いかと思います。

　実はExcelのマクロでメール（アウトルック：Outlook）を操作することもできるんです。作成したPDFファイルをメールに添付して、宛先、本文を入れて送信なんてことも自動でできます。

　実際は、送信まで自動化すると怖いので、宛先、本文が入って添付ファイルが添付されたメールを自動作成して、送信は手動で行うケースが多いようです。

　これはマクロの記録ではなく、VBAでプログラムを書かなくてはいけませんが、たいして難しいプログラムではありません。詳しくは拙著『Excel VBA実践テク ユーザー・ハンドブック』（秀和システム）をご参照ください。

◀ Excel VBA 実践テク
ユーザー・ハンドブック

第9章

準備!
自分でマクロを書く前に!

この章では、マクロの記録を使わずにVBAでプログラムが
書けるようになるためにVBAをブラッシュアップします。
Chap09-1.xlsm／Chap09-2.xlsm（本文184ページ参照）、
Chap09-3.zipをダウンロードしてください。

花子：請求書作成マクロもできたし、もう私もプロですね☆
部長：いやぁ～。まだプロとはいえないな。初心者から脱し
　　　つつあるって感じかな。
花子：えっ～!　失礼な!
部長：ごめん、ごめん。でも、マクロの記録を使わずにプロ
　　　グラムを書けるようになると、プロっぽいよね。もう
　　　ちょっとだけ勉強すると書けるようになるよ。
花子：まだ、勉強するんですか?
部長：いやいや、このままでも十分だよ。マクロが嫌いにな
　　　るぐらいなら、やらないほうがいいよ。
花子：いえっ!　悔しいので頑張ります。

マクロの記録に頼らない

　前の章までは、マクロの記録とそのカスタマイズを中心に説明してきました。本章以降は、マクロの記録に頼らずに、自分で一からプログラムを作ることに挑戦していきたいと思います。

　マクロのカスタマイズは「ほんのちょっと」変えるだけで驚くほど機能が向上しますが、マクロの記録を使わずにプログラムを作ることができると、カスタマイズの能力も向上しますし、Excelでできることの範囲が格段に広がります。

　また、マクロの記録は非常に便利な機能なのですが、実はマクロの記録を使わずにプログラムを作る人が見ると、余計なことがたくさん記録されているため、すごくムダな処理が多く、とても読みづらいのです。

　例えば、セルに値を入力する場合に手作業では必ず、セルを選択してから値を入力します。

　つまり、マクロの記録ではセルの値を入力する前に、必ずSelectという命令が記録されます。

　実は、プログラム上ではセルに値を入力するだけなら、わざわざSelectしなくてもいいのです。むしろ、いちいちSelectをしていると処理が遅くなってしまいます。

また、手作業では必ず表示されているシート（Active Sheet）に対して処理をするため、複数のシートを使う処理の場合、マクロの記録では、必ずあるシートをSelectするという命令が記録されます。

　これもセルの入力と同じで、わざわざシートを表示させなくても、そのシートのセルに値を入力したり、セルの値を取得したりすることができます。

マクロの記録では

Sheet1を選択

```
Sheets("Sheet1").Select
```

A1セルを選択

```
Range("A1").Select
```

A1に1を入力

```
ActiveCell.FormulaR1C1=1
```

プログラムを書くと

Sheet1のA1セルに1を入力

```
WorkSheets("Sheet1").Cells(1,1)=1
```

たったこれだけ

41 新しくモジュールを作る

マクロの記録では標準モジュールが自動的に追加されましたが、自分で最初からプログラムを書く場合は、標準モジュールを自分で追加する必要があります。

標準モジュールの追加方法は2通りあります。

標準モジュールを追加する

■ メニューバーから標準モジュールを追加

❶ VBEを起動させます。

❷ メニューバーの [挿入] ➡ [標準モジュール] を選択すると、標準モジュールが追加されます。

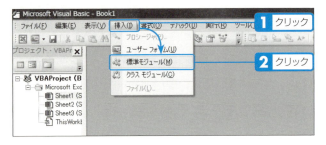

■ プロジェクトエクスプローラから標準モジュールを追加

❶ VBEを起動させます。

❷ プロジェクトエクスプローラにカーソルを合わせ、右クリック ➡ [挿入] ➡ [標準モジュール] を選択すると、標準モジュールが追加されます。

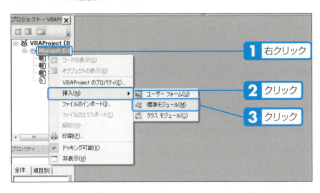

標準モジュールの名前はプロパティウィンドウで変更することができます。

❶ プロジェクトエクスプローラで標準モジュールをクリックします。

❷ プロパティウィンドウのオブジェクト名に標準モジュールの名前が表示されるので、この名前を変更すると標準モジュールの名前が変更されます。

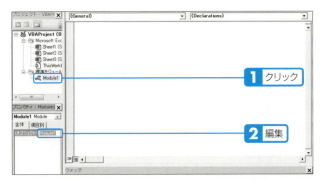

42 入力の手間を省く（オブジェクト変数）

次のプログラムを見てください。

```
Worksheets("テスト").Cells(1,1)="国語"
Worksheets("テスト").Cells(1,2)="英語"
Worksheets("テスト").Cells(1,3)="数学"
```

このプログラムの中には、Worksheets("テスト")という記述が3回も出てきます。これを毎回入力していては大変です。

そこで、このような場合に入力の手間を省くためのオブジェクト変数というものを説明します。

第6章では、数字や文字列などの値を記憶するための変数について説明しました。

しかし、第6章で説明した変数には、ワークブックやワークシート、範囲などのオブジェクトを代入することはできません。

それではどうしたらよいのでしょう？

- - - - - - - - - - - - - - - - - - - -

POINT　VBAで、「.(ドット)」は日本語の「の」か「を」だと思ってください。

上の例では、Worksheets("テスト")のCells(1,1)と解釈できます。あとで出てくるCells(1,1).Clearは、Cells(1,1)をClearすると解釈できます。

オブジェクトを代入する

オブジェクトを代入するためにはオブジェクト変数という変数を使います。オブジェクト変数の宣言の方法は、ふつうの変数と同じで次のように宣言します。

```
Dim オブジェクト変数名 As オブジェクト名
```

また、オブジェクト変数にオブジェクトを代入する場合は次のように、必ずSetを用いて代入します。

```
Set オブジェクト変数 = オブジェクト
```

ワークシートを代入するためのオブジェクト変数

```
Dim test as Worksheet

Set test = Worksheets ("テスト")
```

オブジェクト変数への代入はSetを付ける

```
test .Cells (1,1) ="国語"
test .Cells (1,2) ="英語"
test .Cells (1,3) ="数学"
```

なるほど! テストというシートをtestと呼ぶことにしたわけだ!

Worksheets ("テスト") のことを指す

となり、かなり入力の手間を省くことができます。

43 入力の手間を省く(With)

前のページでは入力の手間を省くためにオブジェクト変数を紹介しましたが、さらに入力の手間を省くためにWith文の説明をします。

With文は次のように記述します。

```
With オブジェクト (オブジェクト変数でも可)
    .～
End With
```

「With オブジェクト～End With」の間で文の最初に"."(ドット)が記述されると、自動的に、その前にWithで指定したオブジェクトがあると見なされ、

```
オブジェクト.～
```

と同じ意味になります。

オブジェクトとは、ワークブックやワークシート、範囲などです。

```
with Worksheets(1)     ← オブジェクト
    .Cells(1,1)=1
End With
```

Worksheets(1)が省略できる

146

With 文を使う

■ ワークシートについて With 文を使う例

```
Dim test as Worksheet

Set test = Worksheets("テスト")

With test
    .Cells(1,1) = "国語"
    .Cells(1,2) = "英語"
    .Cells(1,3) = "数学"
End With
```

この間は test を省略できる

「.(ドット)」を付けるとピリオドの前に test があるものと見なされます。

■ ワークブックについて With 文を使う例

```
Dim bk As Workbook

Set bk = ThisWorkbook

With bk
    For i = 1 To .Worksheets.Count
        .Worksheets(i).Name = i
    Next i
End With
```

この間は bk を省略できる

44 範囲を指定する

第5章では、範囲について説明しました。

マクロの記録ではA1セルを表すときにはRange("A1")、A1からD5の範囲を表すときはRange("A1:D5")、という表現を使いました。

Range("A1")はCells(1,1)と同じ意味です。

それでは、Range("A1:D5")はCellsを使うとどのように表現するのでしょうか？

> **Range**（左上端のセル , 右下端のセル）

と設定します。

例えば、「テスト」というワークシートのCells(2,1)からCells(6,5)の範囲を指定するには、

```
With Worksheets("テスト")
    .Range(.Cells(2, 1), .Cells(6, 5))
End With
```
　　　　　　　　　左上端のセル　　　　右上端のセル

と記述します。スペースの都合上、With文を使って表現していますが、With文を使わなくても、範囲指定をすることはできます。

範囲を指定する

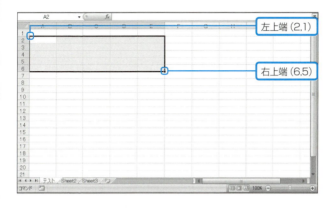

オブジェクト変数を定義して、次のように、範囲をオブジェクト変数に代入することも可能です。

Rangeを代入するオブジェクト変数

```
Dim rng As Range

With Worksheets ("テスト")
    Set rng = .Range(.Cells(2, 1), .Cells(6, 5))
End With
```

rngというオブジェクト変数は「テスト」というワークシートのCells(2,1)からCells(6,5)の範囲を表します。

行 (Row) や列 (Column) も、範囲としてオブジェクト変数に代入できます。

```
Dim rng1 As Range
Dim rng2 As Range

Set rng1 =Worksheets("テスト").Rows(2)
Set rng2 =Worksheets("テスト").Columns(3)
```

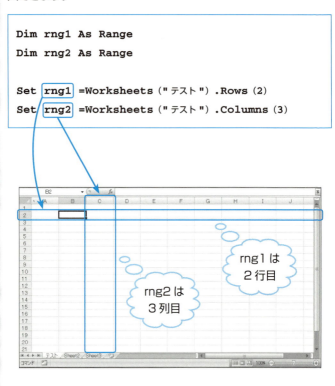

なるほど! 2行目のことをrng1と呼ぶことにしたわけだね!

Column　もっと良い方法がある！

「There is always a better way」という言葉があります。これは「物事には必ずより良い方法がある」ということです。

パソコンの普及に伴い、マイクロソフト社の「ワード」「エクセル」「パワーポイント」は仕事で使えて当たり前の世の中になってきました。

その中でもエクセルは、本来の表計算ソフトとして使うだけではなく、表形式で記入位置が決められるため、エクセルを使って文書のひな形を作り、そのひな形に記述事項を記入していくなど、文書作成の用途にまで用いられるようになりました。

その結果、仕事でのエクセルの使用頻度が非常に高くなっています。エクセルを使った仕事量は、企業全体で見れば、かなりの割合になるでしょう。

そんなエクセルを使った作業を見ていると、「もっと楽に速くできるのになぁ」と思うことが多々あります。それは筆者がVBAを使えるからです。

いまは自分のやり方が一番良い方法だと思っていても、エクセルの関数を勉強したり、ショートカットキーをいろいろ覚えたり、マクロやVBAを勉強したりすると、"better way" がきっと見えてきます。

「勉強は嫌い」という人も多いでしょうが、本書の先には "better way" が待っていると思って、読み進めていただければと思います。

45 Excelの関数を使う

　Excelには、最大値や平均値などを求める様々な関数が用意されています。これらの関数をVBAでも利用できます。

　VBAではこれらの関数のことを**ワークシート関数**といいます。ここでは、代表的なSum関数（合計値）、Max関数（最大値）、Min関数（最小値）、Average関数（平均値）の使い方について説明します。

　まず、引数（ひきすう）と戻り値という言葉をおぼえてください。関数が受け取るものを**引数**といい、関数が返すものを**戻り値**といいます。

　例えば、Sum関数は、ある範囲を受け取って、合計値を計算して教えてくれます。つまり、範囲が引数で、合計値が戻り値になります。

ワークシート関数を使う場合には、次のように記述します。

Application.WorksheetFunction.関数名(引数)

　「Application.WorksheetFunction」とはアプリケーション（Excelのこと）のワークシート関数のことを意味します。

関数を使う

▼ Chap09-1.xlsm（ダウンロード）

```
Sub 関数使用例()

    Dim rng As Range
    Dim sheetobj As Worksheet
    Dim 関数

    Set s = Worksheets("関数")
    Set rng = s.Columns(1)   ── 1列目全体をrngに代入

    s.Cells(1, 4) = Application.WorksheetFunction.Sum(rng)
    s.Cells(2, 4) = Application.WorksheetFunction.Max(rng)
    s.Cells(3, 4) = Application.WorksheetFunction.Min(rng)
    s.Cells(4, 4) = Application.WorksheetFunction.Average(rng)

End Sub
```

	A	B	C	D
1	1		合計	120
2	2		最大値	15
3	3		最小値	1
4	4		平均	8
5	5			
6	6			
7	7			
8	8			
9	9			
10	10			

9 準備！自分でマクロを書く前に！

46 セルのクリア

　セル内の値は、不要になったら削除することができます。これをセルを「クリア」するといいます。セルのクリアには次の5種類があります。

❶ Clear	すべてクリア
❷ ClearContents	数式、文字列をクリア
❸ ClearFormats	書式をクリア
❹ ClearComments	コメント文をクリア
❺ ClearOutline	アウトラインをクリア

　目的に応じて、この5種類のクリアを使い分けます。
　よく使うのは❶〜❸ですので、❶〜❸について説明します。
　セルにはセルに書き込まれている内容（値や数式）や書式（フォント名、セルの背景色、罫線など）が存在します。

　ClearContents（❷）は、セルに書き込まれている内容（値や数式）だけを削除します。
　ClearFormats（❸）は、セルの書式（フォント名、セルの背景色、罫線など）をクリアします。
　Clear（❶）は、すべてをクリアします。Clearした範囲は、シートを新しく作ったときの状態に戻ると思ってください。

セルをクリアする

例に示すClear部分は目的に応じて、ClearContents、ClearFormatsなどの、他のクリアの記述に変更します。

● 1つのセルのクリア例

```
Worksheets("テスト").Cells(1, 1).Clear
```

● 範囲のクリア例

```
Worksheets("テスト").Range("A1:D10").Clear
```

● 範囲の書式以外クリア例

```
Worksheets("テスト").Columns(3).ClearContents
```
※テストというシートの3列目の数式、文字だけをクリアし、書式などは残す

● シート全体のクリアの例

```
Worksheets("テスト").Cells.Clear
```

● シート全体のコメントクリア例

```
Worksheets("テスト").Cells.ClearComments
```

シート.Cellsはシートのセル全体を表します。

> 目的に応じてClearContentsなど他のクリアの記述に変える。

47 全シートに対して処理を行う

ワークシートは、Worksheets("テスト")のように名前で指定することもできれば、Worksheets(1)のように、左から何番目のワークシートかという数字で指定することもできる、ということは第6章で説明しました。

この数字で指定する方法とFor文を用いて、全シートに対して処理を行うことができます。

手順としては、Worksheets(i)のようにワークシートを指定する数字を変数にして、その変数の値をFor文で、1からワークブック内のシート枚数までループさせます。

For文で全シートを処理する

▼ Chap09-2.xlsm（ダウンロード）

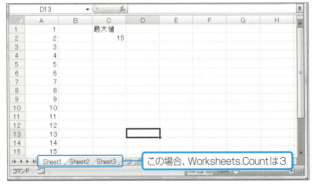

この場合、Worksheets.Countは3

```
Sub 前シート処理例()
Dim rng As Range
Dim sheetobj As Worksheet
Dim i As Integer

For i = 1 To Worksheets.Count
    Set rng = Worksheets(i).Columns(1)
    Worksheets(i).Cells(1, 3) = "最大値"
    Worksheets(i).Cells(2, 3) = _
Application.WorksheetFunction.Max(rng)
Next i
End Sub
```

- シートの枚数: `Worksheets.Count`
- このiがポイント

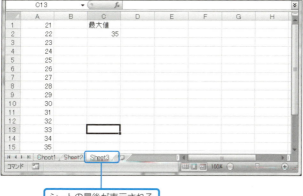

シートの最後が表示される

Worksheets.Countでワークシートの枚数を数えられるんだね!

48 既存のワークブックの データをコピー ①

　日常の業務では、既存のワークブック（エクセルファイル）を開いて、データをコピーするという作業が多くあります。
　既存のワークブックを開いて、データをコピーする作業の手順は次のようになります。

❶既存のワークブックを開く。
❷開いたワークブックのデータをコピーして、貼り付ける。
❸開いたワークブックを閉じる。

　この❶～❸の手順をそれぞれどのように記述するかについて、以下に説明していきます。

❶既存のワークブックを開く。
　既存のワークブックを開くには、次のようにします。

```
Workbooks.Open ("C:\VBA\売上データ.xlsx")
```

　ポイントは()の中はファイル名だけでなく、ファイルが存在するパスも記述しなければいけないということです。上の例は、Cドライブ直下のVBAというフォルダの中にある売上データ.xlsxというワークブックを開く例です。

ワークブックを開く

```
C:¥VBA¥売上データ.xlsx
```
ファイル名
売上データ.xlsx

CドライブのVBAというフォルダ

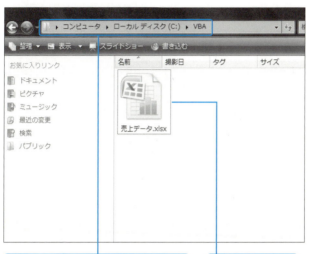

1 CドライブのVBAという名前のフォルダ　　**2** 売上データ.xlsx

```
C:¥VBA¥売上データ.xlsx

Dim bookobj As Workbook

Set bookobj = Workbooks.Open ("C:¥VBA¥売上データ.xlsx")
```

ワークブックを代入するオブジェクト変数

開いたワークブックをbookobjというオブジェクト変数に代入

9 準備！ 自分でマクロを書く前に！

49 既存のワークブックのデータをコピー ②

❷ 開いたワークブックのデータをコピーして貼り付ける。

ある範囲をコピーして、貼り付けるには次のように記述します。

```
コピー範囲.Copy Destination:=貼り付ける範囲の左上端セル
```

注意点は、貼り付けたい場所の左上端のセルを貼り付け先に指定することです。

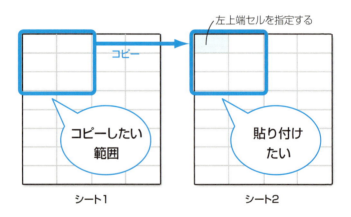

❸ 開いたワークブックを閉じる。

ワークブックを閉じるには、次のように記述します。

```
ワークブック.Close
```

ワークブックを開いてコピーする

▼ Chap09-3.zip（ダウンロード）

```
Sub ワークブック開く例()
  Dim bookobj As Workbook
  Dim copysheet As Worksheet
  Dim pastesheet As Worksheet


  Set bookobj = Workbooks.Open("C:\VBA\売上データ.xlsx")

  copysheet = bookobj.Worksheets(1)
  pastesheet = ThisWorkbook.Worksheets(1)

  copysheet.Cells.Copy Destination:= _
    pastesheet.Cells(1, 1)

  bookobj.Close

End Sub
```

■ ダウンロードファイルの使い方
❶ Chap09-3.zipをダウンロードして解凍する（09-Workbook.xlsm、売上データ.xlsx）。
❷ Cドライブ直下にVBAというフォルダを作る。
❸ 売上データ.xlsxをダウンロードしてVBAフォルダにコピーする。

Column　Withを使うとわかりづらくなることも

　本文中ではWithの使い方を説明しましたが、実はWithを使うとプログラムがわかりづらくなるという方も結構います。

　例えば、複数のシートに対する処理をする場合、WithはFor文のように重ねることができないので、一方のシートはWithで書くけど、もう一つのシートはWithで書かないとなると、若干わかりづらくなります。

　筆者はWithを使う書き方に慣れてしまったので、Withが非常に使いやすいのですが、わかりづらいという方は、無理してWithを使う必要はありません。自分のわかりやすいスタイルでプログラムを書きましょう。

　以下の場合はWithを使うと便利かもしれませんね。

●関数を多用する場合にApplication.WorksheetFunctionを省略する

```
With Application.WorksheetFunction
    s.Cells(1, 4) = .Sum(rng)
    s.Cells(2, 4) = .Max(rng)
    s.Cells(3, 4) = .Min(rng)
    s.Cells(4, 4) = .Average(rng)
End With
```

●範囲指定をCells形式で設定する場合にWorksheets(〜)を省略する

```
With Worksheets("テスト")
    Set rng = .Range(.Cells(1, 1), .Cells(10, 2))
End With
```

第 10 章
実例！ 1枚のシートに まとめるマクロを作ろう！

この章では、各販売店のデータを1つのシートにまとめる
プログラムをVBAで作成します。
Chap10.xlsm（本文184ページ参照）と
Chap10-Data.zip（本文184ページ参照）を
ダウンロードしてください。

花子：よし、だいぶわかってきたぞっ！ マクロの記録を使
わずに、マクロを作ってやる！ 部長め〜、もう初心
者とは言わせないぞ！
何を作ろうかな…。そうだ、各店舗のデータファイル
を1つにまとめるマクロを作って、驚かせてやる。
部長：何してるの？
花子：内緒です！

意外とよくあるデータをまとめる作業

　第3章では、あるデータだけを抽出するという作業を行いました。エクセルを使った仕事では、データを抽出するという作業も多ければ、逆にデータをまとめるという作業も多いのではないでしょうか？

　例えば、各支店から送られてくるデータを1つのシートにまとめてエクセルで管理する、まとめたデータをデータベースに入力（インポート）する、などの業務をよく目にします。

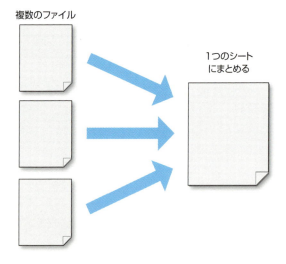

　データを抽出するという作業には、エクセルのフィルタ機能（**オートフィルタ**）という便利な機能がありますが、データを1つのシートにまとめる作業では、その作業を補助する機能がないので、コピー&ペーストの単純な手作業の繰り返しです。このような単純な仕事にこそ、マクロが力を発揮します。

コンピューターが得意な仕事

　コンピューターは人間のように、初めて遭遇する状況をなんとか乗り切るというような能力はありませんが、決められた単純な繰り返し作業は得意です。

　「単純な繰り返し」はマクロを作ってコンピューターに任せるようにすると、仕事が楽になります。

コンピューターが得意な仕事　　人間しかできない仕事

コンピューターに任せる仕事を見極めよう!

50 データのまとめ作業

花子さんの本社には、毎月、各販売店の販売データ（Chap10-Data.zip）が決まった形式で送られてきます。花子さんはこの販売データを1枚のシートにまとめるという作業を行っています。

この作業を自動で行うプログラムを考えてみましょう。

データをシートにまとめる

このフォーマットは全販売店同じ

まず、運用する上でのルールを確認しておきます。

● ルール
❶ 各販売店の販売データのファイル名は、「201406渋谷店.xlsx」、「201406新宿店.xlsx」のように、6桁の年月＋販売店名をファイル名とします。
❷ 販売データはすべて同じフォルダに入っているものとします。
❸ 各販売店の販売データのファイルには、ワークシートは1枚しかないものとします。

❹販売データには日付、商品コード、個数、単価、金額、販売店名が記入されているものとします。

上記のデータを、「Chap10.xlsm（ダウンロード）」というファイルの「まとめ」シート1枚にまとめます。

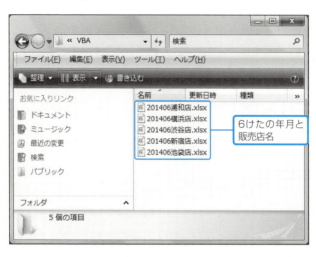

6けたの年月と販売店名

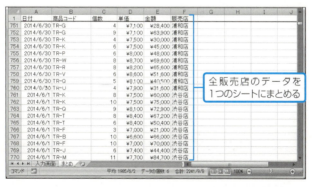

全販売店のデータを1つのシートにまとめる

51 入力画面

　販売データのファイルが入っているフォルダのパスなどを入力するために、「入力画面」というシートを入力画面として使用します。
　入力項目は次の3項目とします。

❶ 各販売店の販売データファイルが入っているフォルダのパス
❷ 年月
❸ 販売店名

　なぜ、これらの3項目をあらかじめ入力しておくかというと、ファイルを開くには、ファイルのパスとファイル名が必要だからです。これら3つの入力項目をつなぎ合わせることで、次のようなパスも含めたファイル名を作ることができるのです。

　しかし、一度にすべての販売店のファイルを開けるわけではありません。
　そこで、「入力画面」というシートのA列に書かれた販売店名を、For文を使って順次読み込み、ファイルを開き、データをコピーし、「まとめ」シートの最終行の次の行に貼り付けるというプログラムを作ります。

シートを入力画面として使う

シートを入力画面として使う

この3項目が入力してあれば、開くファイルのパスも含めたファイル名を作れる

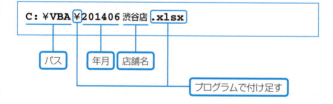

C:¥VBA ¥ 201406 渋谷店 .xlsx

- パス
- 年月
- 店舗名
- プログラムで付け足す

52 最終行の求め方

この章で扱う例題では、

❶各販売店のデータは何行目まで入力されているのか？
❷データを貼り付ける際に「まとめ」シートは何行目まで入力されているのか？

を調べなければいけません。

なぜなら、❶に関しては、第3章のように列全体をコピーすると、「まとめ」シートに貼り付けたときに、他の販売店のデータが消えてしまうため、データが記入されている範囲だけをコピーして、貼り付けなければいないからです。

最終行を求める

データが入力されている範囲だけコピー

また、❷に関しては、「まとめ」シート1枚に全販売店のデータをまとめるため、浦和店のデータの下に渋谷店のデータを貼り付けるといったように、データが記入されている最終行の次の行にデータを貼り付けなければなりません。

　そこで、あるシートのある列がどこまでデータが記入されているのかを求める方法を説明します。

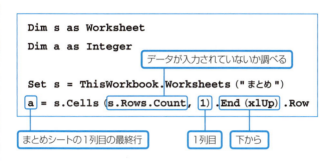

と記述すると、aという変数には「まとめ」シートの1列目の最終行が代入されます。

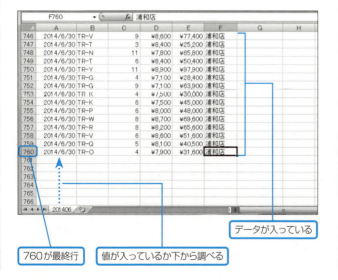

171

この文は指定した列の一番下の行から、上方向にデータが記入されているセルを検索して、最初に値が記入されているセルの行を教えてくれる文です。

　文の内容の解読はややこしいので、本書では省略しますが、シートと列を指定することで、データが記入されている最終行を求められることをおぼえておきましょう。

```
Sub データまとめ ()
  Dim 販売店book As Workbook

  Dim 入力sheet As Worksheet
  Dim まとめsheet As Worksheet
  Dim 販売店sheet As Worksheet

  Dim rng As Range

  Dim パス As String
  Dim 年月 As String
  Dim 販売店 As String
  Dim ファイル As String

  Dim LR入力 As Integer    ' 入力シートの最終行を代入する変数
  Dim LRまとめ As Integer   ' まとめシートの最終行を代入する変数
  Dim LR販売店 As Integer   ' 販売店シートの最終行を代入する変数

  Set 入力sheet = ThisWorkbook.Worksheets("入力画面")
  Set まとめsheet = ThisWorkbook.Worksheets("まとめ")
```

> ClearContentsでシートに記入されている値をクリア

```
' まとめシートのクリア ------------------------
まとめsheet.Cells.ClearContents
まとめsheet.Cells(1, 1) = "日付"
まとめsheet.Cells(1, 2) = "商品コード"
まとめsheet.Cells(1, 3) = "個数"
まとめsheet.Cells(1, 4) = "単価"
まとめsheet.Cells(1, 5) = "金額"
まとめsheet.Cells(1, 6) = "販売店"
```

> シート全体がクリアされたので、1行目にタイトルだけ記入するんだね!

```
'--------------------------------------------
    ' パスと年月を代入 ------------------------
    パス = 入力sheet.Cells(2, 3)
    年月 = 入力sheet.Cells(2, 2)

'--------------------------------------------
    LR入力 = 入力sheet.Cells(入力sheet.Rows.Count, 1).End(xlUp).Row
```

> ファイル名を作る文字列の連結は&を使うんだね

```
    For i = 2 To LR入力
        販売店 = 入力sheet.Cells(i, 1)
        ファイル = パス & "\" & 年月 & 販売店 & ".xlsx"

        Set 販売店book = Workbooks.Open(ファイル)
        Set 販売店sheet = 販売店book.Worksheets(1)

        LR販売店 = 販売店sheet.Cells(販売店sheet.
                    Count, 1).End(xlUp).Row
```

> 販売店データの最終行

> タイトル行はいらないから削除するんだね!

```
        販売店sheet.Rows(1).Delete
```

> UsedRangeは使っている範囲だね!

```
    set rng = 販売店sheet.UsedRange

    LRまとめ = まとめsheet.Cells (まとめsheet.Rows.
              Count, 1).End (xlUp).Row
```

まとめシートの最終行

```
    LRまとめ = LRまとめ + 1  '最終行の次の行にデータを貼り付けたいので1を足す
    rng.Copy Destination:=
        まとめsheet.Cells (LRまとめ, 1)

    販売店book.Close SaveChanges := False
  Next i

End Sub
```

> タイトル行を削除したからそれを保存せずに閉じるんだね

第 11 章

実例！ 日ごとの売上データを集計する！

この章では、データを集計するプログラムを VBA で作成します。
Chap11.xlsm（本文 184 ページ参照）を
ダウンロードしてください。

部長：マクロの記録を使わずにマクロを作るなんてすごいじゃないか！

花子：まぁ、普通ですが（ふふっ）、今後は集計などのマクロも作るつもりです。もちろん、マクロの記録は使いませんよ。

部長：すごいなぁ。集計だと Excel の SUMIF 関数とかを VBA で呼び出して使うと便利なんだよね。

花子：そうですよね！（えっ、何それ？ あとで調べてみよう）

データ集計の王道

　第3章では、ある商品のデータだけを抽出するという作業を行いました。「この商品だけのデータをください」などという頼まれごとは意外と多いでしょう。しかし、データを抽出しなくても「集計値だけください」という頼まれごとも同じくらい多いものです。

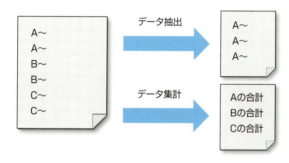

　データ集計の代表的な作業が、日ごとの売上データの集計やある期間での商品ごとの売上データの集計でしょう。

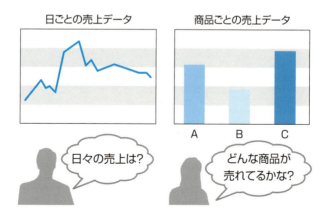

VBAと関数を使えば、集計作業は「あっ」という間にできてしまいます。本章では、そんな集計のテクニックを紹介します。本章の例は、関数だけでも十分に対応できるテクニックですが、第10章で扱った例と合わせれば、データをまとめて➡集計するという、一連の流れのプログラムを作ることができます。

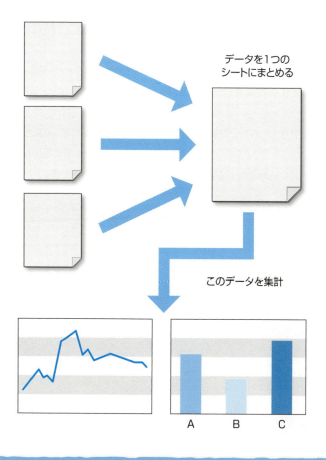

53 日ごとのデータを集計する

「Chap11.xlsm」(ダウンロードファイル)の「データ」シートに日々の売上データがあります。

このデータの1行は1回の取引の売上データです。しかし、1日に何度も取引があるため、何日にいくらの売上があったのかがそのままでは把握できません。

そこで、花子さんはこれらのデータから1日ごとの売上金額を集計する作業を行っています。

取引がまったくない日もあるかもしれないので、「まとめ」シートのA列にあらかじめ日付を記入しておき、その日付の売上がいくらあるかの合計を計算していくことにします。

日ごとの金額を集計する

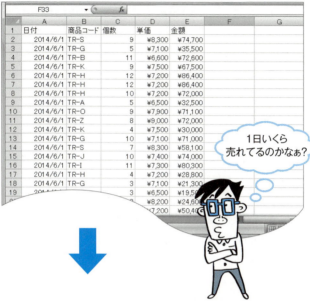

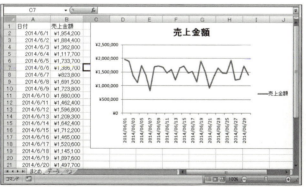

日ごとの売上集計

実例！ 日ごとの売上データを集計する！

54 SUMIF関数で簡単集計！

　もちろん、関数を使わずにFor文とIf文を駆使して集計することもできますが、関数を使った方が簡単なので、SUMIF関数という関数を使う方法を説明します。

　SUMIF関数を用いることによって、ある条件に合致したものの合計を求めることができます。第9章で説明した合計値などの関数は、引数が1つしかありませんでしたが、SUMIF関数の場合は次のように3つあります。

SUMIF 関数を使う

SumIf(検索範囲 , 検索条件 , 合計範囲)

	A	B	C	D	E
1	日付	商品コード	個数	単価	金額
2	2014/6/1	TR-S	9	¥8,300	¥74,700
3	2014/6/1	TR-G	5	¥7,100	¥35,500
4	2014/6/1	TR-B	11	¥6,600	¥72,600
5	2014/6/1	TR-K	9	¥7,500	¥67,500
6	2014/6/1	TR-H	12	¥7,200	¥86,400
7	2014/6/1	TR-H	12	¥7,200	¥86,400
8	2014/6/1	TR-H	10	¥7,200	¥72,000
9	2014/6/1	TR-A	5	¥6,500	¥32,500
10	2014/6/1	TR-O	9	¥7,900	¥71,100
11	2014/6/1	TR-Z	8	¥9,000	¥72,000
12	2014/6/1	TR-K	4	¥7,500	¥30,000
13	2014/6/1	TR-G	10	¥7,100	¥71,000
14	2014/6/1	TR-S	7	¥8,300	¥58,100
15	2014/6/1	TR-J	10	¥7,400	¥74,000
16	2014/6/1	TR-I	11	¥7,300	¥80,300
17	2014/6/1	TR-H	4	¥7,200	¥28,800
18	2014/6/1	TR-G	3	¥7,100	¥21,300
19	2014/6/1	TR-A	3	¥6,500	¥19,500
20	2014/6/1	TR-R	3	¥8,200	¥24,600
21	2014/6/1	TR-H	7	¥7,200	¥50,400

今回の例では
検索範囲➡「データ」シートのA列
検索条件➡日付(2014/6/1など)
合計範囲➡「データ」シートのE列

■ 方針

　SUMIF関数を使って、プログラムを作りますが、その際に検索範囲と合計範囲は、すでに「データ」シートのA列、E列と決まっていますが、検索条件の日付は2014/6/1、2014/6/2、2014/6/3……2014/6/30と30もあります。

　しかし、この検索条件で一度に検索できるわけではありません。1つずつ検索していくしかないのす。そこで、役立つのがFor文です。

　あらかじめ「まとめ」シートに記述してある日付をFor文で順次読み込んで、SUMIF関数で検索&合計をします。

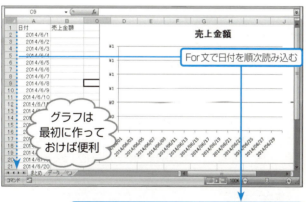

読み込んだ日付を検索条件にしてSumIf関数を実行する

```
Sub 日毎販売金額()

  Dim まとめsheet As Worksheet
```

```
    Dim データsheet As Worksheet
    Dim 日付 As Date
    Dim 検索rng As Range
    Dim 合計rng As Range

    Dim i As Integer
    Dim 最終行 As Integer

    Dim 日毎合計 As Long

    Set まとめsheet = ThisWorkbook.Worksheets
                                          ("まとめ")

    Set データsheet = ThisWorkbook.Worksheets
                                          ("データ")

    Set 検索rng = データsheet.Columns(1)
    Set 合計rng = データsheet.Columns(5)
```
検索範囲と合計範囲の設定

```
    最終行 = まとめsheet.Cells
    (まとめsheet.Rows.Count, 1).End(xlUp).Row

    For i = 2 To 最終行
        日付 = まとめsheet.Cells(i, 1)
        日毎合計 = Application.WorksheetFunction.
                      SumIf(検索rng, 日付, 合計rng)
        まとめsheet.Cells(i, 2) = 日毎合計
    Next i

End Sub
```

For文と関数を使えば簡単だね!

合計値をセルに入力

SumIf関数の実行

VBAを使った事務作業改善活動

　ここまでVBAを勉強してみて、これで結構効率化できるだろうと実感された方も多いと思います。実はVBAを使った事務作業の改善活動を行っている企業もあります。

　筆者はふだん、大学で教鞭をとっていますが、企業のVBAを使った改善活動のお手伝いもさせていただいてます。この活動の主役は実際に事務作業をしている人達です。プログラマーでない人達が自分の仕事をマクロを使って自分で改善する活動です。

　企業でこの活動をスタートする際、ほとんどの人が「自分にできるかしら？」と不安を口にします。確かにお勉強の要素もあるので、なかなかうまくいかないことがあるのも事実ですが、想像するより、かなり多くの方がVBAを習得しています。

　改善活動をお手伝いした企業の中には、たった2年で事務員の70％以上が、プログラムを一から作れるレベルにまで成長した会社もあります。そうなれば、1カ月の事務作業にかかる時間を100時間減らすなんてことは、そんなにハードルの高いことではありません。

　ほぼ全員がVBAでプログラムを書けるようになると、仕事をローテーションしても、他の人が作ったマクロを修正することだってできます。そして、VBAを使いこなせるようになれば、改善は継続されるようになります。なぜなら、手作業でやることが面倒になってしまうからです。

ダウンロードサービスのご案内

　本書で紹介したプログラムは下記の URL からダウンロードできます。

〈URL〉
http://www.shuwasystem.co.jp/support/7980html/4940.html

●ダウンロードファイル一覧

- 第2章　　実習ファイル（Chap02.xlsm）、
　　　　　完成ファイル（Chap02F.xlsm）
- 第3章　　実習ファイル（Chap03.xlsm）、
　　　　　完成ファイル（Chap03F.xlsm）
- 第4章　　実習ファイル（Chap04.xlsm）、
　　　　　完成ファイル（Chap04F.xlsm）
- 第5章　　実習ファイル（Chap05.xlsm）
- 第7章　　実習ファイル（Chap07.xlsm）、
　　　　　完成ファイル（Chap07F.xlsm）
- 第8章　　実習ファイル（Chap08.xlsm）、
　　　　　完成ファイル（Chap08F.xlsm）
- 第9章　　参考ファイル（Chap09-1.xlsm、
　　　　　Chap09-2.xlsm、Chap09-3.zip）
- 第10章　　実習ファイル（Chap10xlsm、Chap10-Data.zip）、
　　　　　完成ファイル（Chap10F.xlsm）
- 第11章　　実習ファイル（Chap11.xlsm）、
　　　　　完成ファイル（Chap11F.xlsm）

本書は、Excel（エクセル）2016/2013/2010の
ユーザーを対象に解説しました。

INDEX

あ行

印刷範囲設定 …………… 33,34	オートフィルタ ………… 42,164
印刷範囲のクリア ………… 35	オーバーフロー …………… 102
ウォッチウィンドウ ……… 74	オブジェクト ……………… 92
オートフィル ……………… 70	オブジェクト変数 ………… 144

か行

開発タブ …………………… 18	グラフシート ……………… 96
カレントプロシージャ …… 112	クリア ……………………… 154
カレントプロジェクト …… 112	繰り返し …………………… 104
カレントモジュール ……… 112	コードウィンドウ ………… 74
関数 ………………………… 152	コピー …………………… 158,160
行 ………………………… 82,92	

さ行

算術演算子 ………………… 99	セルのクリア ……………… 154
条件分岐 …………………… 108	相対参照 ……………… 54,58,70
ショートカットキー …… 56,65	
絶対参照 ………………… 54,70	

185

た行

代入	98
置換機能	112
データ型	100
データの抽出	42,44
データのまとめ	166
ドット	80,144

は行

バイト	103
範囲の指定	148
比較演算子	110
引数	152
ビット	103
ひな形	122,134
標準モジュール	142
フィルタ機能	42,44
プロシージャ	88,112
プロジェクトエクスプローラ	74
プロパティウィンドウ	74
変数	98
変数の宣言	100
ボタンの作成	38

ま行

マクロ機能	14
マクロの記録	14,16,20
マクロの実行	14,22
マクロの保存	24
マクロ有効ブック	24
マクロを有効にする	26
メール	138
モジュール	74
戻り値	152

ら わ行

列	82,92
論理演算子	110
ワークシート	96
ワークシート関数	152

アルファベット

Activate	95	Or	111
ActiveSheet	84	PDFファイル	136
And	111	Range	78,92
Application	92	Rows	82
AutoFilter	86	Select	80,95
bit	103	Selection	80
Chart	92	Sheet	96
Columns	82	String型	100
Criteria1	86	SUMIF関数	180
Date型	100	VBA	6,16,72
Double型	100	VBE	74
Excelバイナリブック	24	Visual Basic	72
Excelマクロ有効ブック	24	With文	146,162
Excel97-2003ブック	24	Workbook	92
Field	86	Worksheet	92,96
For文	106	xls	24
If文	109	xlsb	24
Integer型	100,103	xlsm	24
Long型	100,103		
Not	111		

数字・記号

2進数	103
.	80,144

187

●著者紹介
道用　大介 ［どうよう　だいすけ］

1976年生まれ。富山県出身。博士(工学)。
慶應義塾大学理工学部管理工学科卒。
神奈川大学経営学部国際経営学科准教授。
専門はIE(インダストリアル・エンジニアリング)。
VBAを使った業務改善において、数多くの指導経験を持つ。

・本文イラスト　まえだ　たつひこ

図解でわかる
エクセルのマクロとVBAが
みるみるわかる本
［Excel2016／2013／2010対応最新版］

発行日	2017年 2月14日	第1版第1刷

著　者　道用　大介

発行者　斉藤　和邦
発行所　株式会社 秀和システム
　　　　〒104-0045
　　　　東京都中央区築地2丁目1-17　陽光築地ビル4階
　　　　Tel 03-6264-3105 (販売) Fax 03-6264-3094
印刷所　株式会社ウイル・コーポレーション
製本所　株式会社ジーブック

ISBN978-4-7980-4940-3 C0055

定価はカバーに表示してあります。
乱丁本・落丁本はお取りかえいたします。
本書に関するご質問については、ご質問の内容と住所、氏名、
電話番号を明記のうえ、当社編集部宛FAXまたは書面にてお送
りください。お電話によるご質問は受け付けておりませんので
あらかじめご了承ください。